AF383620

TROIS
NOUVEAUX MÉMOIRES

SUR

L'ACTION NERVEUSE:

1° RECHERCHES SUR LA QUALITÉ ÉLECTRIQUE DU SANG ;

2° LOIS SYNTHÉTIQUES DU MOUVEMENT VITAL ;

3° LOIS SYNTHÉTIQUES DES MOUVEMENTS MORBIDES.

Par F.-Aug. DURAND (de Lunel),

Docteur en Médecine,

Médecin des Hôpitaux militaires, Membre correspondant des Sociétés de médecine
et médicale d'émulation de Lyon,

AUTEUR DE LA NOUVELLE THÉORIE DE L'ACTION NERVEUSE.

PARIS.

CHEZ J.-B. BAILLIÈRE,

LIBRAIRE DE L'ÉCOLE ROYALE DE MÉDECINE,

rue de l'École-de-Médecine, 17 ;

MÊME MAISON, A LONDRES,

219, Regent-Street.

1845.

Lyon.—Impr. de Louis Perrin, rue d'Amboise, 6.

AVERTISSEMENT.

Depuis la publication de la *Nouvelle Théorie de l'action nerveuse*, de nouvelles recherches ont été faites par nous dans le but d'appuyer et d'étendre nos propositions fondamentales : elles nous ont suggéré de nouvelles solutions; elles nous ont enfin conduit à des lois d'ensemble, soit sur les phénomènes physiologiques, soit sur les phénomènes morbides. Ces trois Mémoires renferment l'exposé de ce nouveau progrès, tout en résumant notre théorie, tout en la corrigeant quelquefois. Nous avons cru bien faire de les unir aux exemplaires de notre premier ouvrage, mais aussi de les publier à part, soit pour les personnes qui sont déjà pourvues de celui-ci, soit pour celles qui veulent se contenter d'un abrégé de notre doctrine.

RECHERCHES

SUR LA

QUALITÉ ÉLECTRIQUE DU SANG,[1]

PAR

F.-Aug. DURAND (de Lunel),

MÉDECIN DES HÔPITAUX MILITAIRES.

Le sang, dans l'impression physico-chimique qu'il exerce sur les parois vasculaires, est incontestablement, par rapport à elles, électro-positif ou électro-négatif. Il excite ces parois, il s'assimile à elles, il reçoit d'elles certains produits de décomposition ; en tout ceci, sang et tissus, corps matériels de nature différente, ont chacun certainement leur polarité électrique propre.

Nous ne voulons pas discuter ici si, pour que se fassent l'excitation sanguine, l'assimilation et la désassimilation, il faut autre chose, de la part du sang et des tissus, que des influences réciproques électriques ; nous ne voulons seulement que chercher à déterminer l'espèce d'électricité que possède le sang dans ces trois actes, c'est-à-dire dans son impression physico-chimique.

Dans un ouvrage publié il y a peu de temps [2], nous

[1] Mémoire envoyé à l'Académie des Sciences le 15 mars 1844. — Lu à la Société médicale d'Émulation de Lyon, en février même année.

[2] Nouvelle théorie de l'action nerveuse et des principaux phénomènes de la vie. Paris, 1843.

avons cru devoir reconnaître au sang la qualité électro-positive. Nous nous sommes éclairé, pour avoir le droit d'émettre notre opinion, de quelques faits directs connus dans la science, mais jusques là restés isolés et sans conséquence physiologique, et de quelques démonstrations théoriques qui nous sont propres. Nous ne savons pas si nous avons porté la conviction dans les esprits ; mais comme la solution d'un pareil problème, à en juger par les conséquences que nous avons tirées dans notre travail, nous semble d'une importance fondamentale en physiologie, et comme elle ne saurait ressortir de trop de faits, nous allons la poursuivre encore par de nouvelles démonstrations et donner, s'il le faut, plus de rigueur à quelques-unes de celles que nous avons déjà produites.

Nous ne ferons que rappeler que, pour exalter notre proposition, nous nous sommes appuyé, 1° sur des expériences directes de Bellingeri reconnaissant, en général, une tension électro-positive au sang artériel et une tension électro-négative au sang veineux, et reconnaissant le sang plus électro-positif dans les inflammations que dans l'état normal ; 2° sur la considération de l'état alcalin du sérum du sang ; 3° sur des expériences de M. Dutrochet et d'Hornbeck constatant que les globules rouges se rendent au pôle négatif, quand des molécules blanches gagnent le pôle positif de la pile ; 4° sur les particularités de la formation d'un oxide et de la réduction d'un carbonate en oxide dans l'acte d'hématose et de la reconstitution du même sel dans l'acte de nutrition ; 5° sur les phénomènes d'endosmose s'exécutant dans l'acte nutritif ; 6° sur la considération de la température du sang comparée à celle de l'atmosphère ; 7° enfin sùr les conclusions à tirer des expériences de W. Edwards concernant la caloricité.

Nous donnerons maintenant une nouvelle extension à notre solution, quelquefois encore en rappelant simplement les démonstrations de savants recommandables, d'autres fois en raisonnant et en concluant nous-même sur le concours de plusieurs prémisses avérées par l'observation ou par l'expérience, et enfin en prévenant les objections que pourrait essuyer notre proposition.

I.

L'application directe de la chaleur sur les fibres incitables du cœur, alors que cet organe, ayant été séparé du corps, ne bat presque plus ou vient de cesser ses mouvements, produit les mêmes phénomènes que l'application normale du sang, elle active et réveille même les contractions de l'organe. C'est ce qui ressort d'une observation de Bâcon et des expériences multipliées de Harvey, Haller, Sénac, Langrish, Boyle, Whitt, de Humbold, etc. Or, la chaleur exerce sur les conducteurs une influence directe électro-positive. Laissons, sur ce dernier point, parler M. Becquerel, en conclusion de ses expériences dans les phénomènes thermo-électriques :

« Lorsqu'un fil de métal non-oxidable ou une suite de particules [1] a, a', a'', a''', etc., liées entre elles par la force d'aggrégation, est mis en contact par l'une de ses extrémités a avec une source de chaleur b d'une nature quelconque, à l'instant où la chaleur commence à

[1] 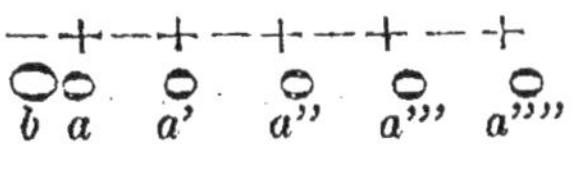 $b \ a \quad a' \quad a'' \quad a''' \quad a''''$

se propager dans le fil, cette extrémité prend l'électricité positive, tandis que l'électricité négative retourne vers la source ; mais a' recevant de la chaleur de a par rayonnement, puisque la chaleur se transmet de particule à particule, et a'' de a', ainsi de suite, la seconde particule qui s'échauffe aux dépens de la première, prend à celle-ci, à chaque instant, de l'électricité positive et lui transmet de l'électricité négative, jusqu'à ce que l'équilibre de température soit rétabli entre elles. (*Éléments d'électro-chimie*, p. 40.) »

Si, d'après la théorie thermo-électrique exposée par M. Becquerel, la chaleur se comporte comme un agent électro-positif, si, d'après les faits cités plus haut, elle exalte l'incitabilité du cœur, si l'on n'obtient pas le même effet par l'application du froid qui provoque un courant électrique en sens inverse de celui qui résulte de l'application de la chaleur, enfin, si l'électricité peut exciter les contractions du cœur encore quarante minutes après la mort, ainsi que l'ont vu Vassali-Randi, Giulio, Rossi et M. de Humbold, n'est-il pas à croire que le sang, qui est l'excitateur normal du cœur, s'exerce électriquement comme l'agent excitant, chaleur, et non comme l'agent sédatif, froid ?

II.

Si, d'un côté, Davy [1] a reconnu que les graines des végétaux germent beaucoup plus vite dans l'eau électrisée positivement que dans celle qui contient le principe opposé, d'un autre côté, M. Becquerel a

(1) Éléments de Chimie agricole, tome I, p. 44; traduct. franç.

reconnu que l'influence des acides nuit essentiellement à la végétation, tandis que celle des alcalis la favorise notablement. L'analogie pourrait s'étendre ici à la végétation de l'animal, et donner dès lors à penser que l'excitant de cette végétation a plutôt la qualité des alcalis que celle des acides, c'est-à-dire est électro-positif. Mais l'on peut aller plus loin encore : 1° Constater, avec M. de Humbold [1], que l'application des alcalis facilite, en effet, l'incitabilité nerveuse de l'animal dans les phénomènes galvaniques, tandis que celle des acides la contrarie ; 2° rappeler qu'en thérapeutique, les acides administrés à doses non-caustiques, sont des tempérants de l'action nervoso-sanguine, et que même c'est un acide, l'acide hydrocyanique, qui est le premier, le plus énergique des sédatifs. Ainsi, il sera plus rationnel d'attribuer au sang la qualité électrique des alcalis que celle des acides.

III.

Nous avons rappelé ailleurs [2] que Grapen-Giesser, Ritter, Marianini, avaient reconnu un pouvoir plus excitant à l'électricité positive qu'à l'électricité négative, que Ritter avait même trouvé en celle-ci un pouvoir déprimant et frigorifique.

Si le sang agit donc comme l'agent électro-positif chaleur, et non comme l'agent électro-négatif froid, s'il agit comme les corps électro-positifs alcalis, et non comme les corps électro-négatifs acides, s'il agit enfin plutôt comme l'électricité positive que comme l'électri-

(1) Expériences sur le Galvanisme, p. 162 ; trad. franç.
(2) Loco citato, p. 85.

cité négative des machines, ne faudra-t-il pas plutôt lui attribuer la première que la seconde de ces électricités ?

Nous ne présentons ces trois propositions que comme des arguments d'analogie. Entrons dans l'exposition de quelques arguments plus directs tirés de l'examen de la nature chimique du sang et puis de l'examen de ses diverses modifications normales.

IV.

L'eau, parmi les corps de la nature, est la substance indifférente par excellence ; elle ne joue pas directement le rôle de base ni celui d'acide, elle reçoit en elle les substances étrangères sans en altérer la qualité. Or, comme le fait remarquer Burdach [1], si le rapport de l'hydrogène à l'oxigène est dans l'eau de 1 à 8 (11,09 : 88,91), il est, d'après les analyses de Michaelis, de 1 à 3 (7,650 : 23,575) dans le sang ; à quoi, en continuant le raisonnement de Burdach, il faut ajouter l'azote et surtout la grande quantité de carbone, pour donner à la substance du sang la prédominance électro-positive, alors que l'oxigène est le corps électro-négatif de la combinaison. Voici, du reste, le résultat de l'analyse de Michaelis [2], terme moyen pour le sang artériel et le sang veineux :

Carbone 52,015, azote 16,760, hydrogène 7,650, oxigène 23,575.

Le sang, même en faisant abstraction de ses éléments alcalins, serait donc plus électro-positif que la subs-

(1) Traité de Physiologie, tome VI, p. 19 ; trad. franç.
(2) Schweigger, journal fuer chimie, t. III, p. 94.

tance indifférente eau. Rigoureusement parlant, il constituerait ainsi un liquide électro-positif dans l'échelle générale des corps.

V.

La proportion des éléments médiats remarquée dans l'ensemble se maintient à peu près dans chacun des matériaux essentiels du sang, l'albumine, la fibrine et l'hématosine. Mais nous ferons remarquer, d'après l'analyse suivante de Michaelis, que la prédominance électro-positive doit s'accroître, en eux, du corps connu pour être le moins excitant, au corps connu pour l'être le plus.

	Carbone.	Azote.	Hydrogène.	Oxigène.
Albumine,	52,831	15,533	7,176	24,460.
Fibrine,	50,907	17,427	7,741	23,925.
Hématosine,	52,307	17,322	8,032	22,339.

VI.

Entendons-nous maintenant sur les propriétés de ces trois principes immédiats, essentiels.

L'albumine, parmi eux, joue tantôt le rôle de base et tantôt celui d'acide (*M. Denis*); ainsi, elle paraîtrait en thèse générale indifférente. Quand elle est dissoute dans le sérum, elle l'est toutefois à la manière d'un acide, à la manière d'un corps électro-négatif, paraissant former dans ce liquide alcalin, d'après Berzélius, un albuminate de soude.

La fibrine et l'hématosine composent les globules, corpuscules arrondis tenus en suspension dans le sérum alcalin, pouvant plus difficilement s'y dissoudre, et constituant la partie la plus excitante du sang.

A l'inverse de l'albumine, comme le fait observer Burdach [1], la fibrine se dissout bien dans les acides et très difficilement dans les alcalis, n'a pas d'affinité pour les métaux ni pour leurs oxides et décompose le deutoxide d'hydrogène, en lui attirant par action catalytique (*Berzelius*), son oxigène; enfin, on le sait déjà, d'après l'analyse de Michaelis, elle contient moins d'oxigène et un peu plus d'hydrogène que l'albumine. La fibrine serait donc électro-positive, par rapport à cette dernière substance.

« C'est l'hématosine, dit Burdach, qui est le plus pesant des éléments du sang, qui brûle le plus faiblement et qui, en brûlant, donne le moins de gaz, mais aussi le plus d'hydrogène; de sorte que c'est elle qui contient le plus de cette dernière substance, dont il y a moins dans le sang que dans tout autre liquide. L'analyse n'a point confirmé qu'elle soit fort riche en carbone,...... mais elle a démontré que la nature basique prédomine en elle, car elle a fait voir qu'elle est, de tous les matériaux du sang, celui qui contient le moins d'oxigène. »

Il s'agirait de savoir si, en réalité, l'exercice de la pile confirme les considérations précédentes. M. Dutrochet, soumettant une petite quantité de sang à l'action des deux pôles, a bien vu des globules rouges se rendre au pôle positif et des molécules blanches gagner le pôle négatif, et a bien conclu de là que l'hématosine était électro-positive et la fibrine électro-négative; Hornbeck,

(1) Loco citato, t. VI, p. 66.

en Allemagne, a bien obtenu les mêmes résultats ; mais, il faut le dire, Muller [1] n'a pas cru devoir tirer les mêmes conclusions d'expériences qui lui sont propres. Nous allons apprécier le fort et le faible des conclusions du physiologiste prussien, et déduire de ses expériences même que l'hématosine est électro-positive, que l'albumine est électro-négative, et que la fibrine tient le milieu entre les deux.

Muller ayant vu un coagulum albumineux se former au pôle positif, ce qui n'était pas observé au pôle négatif, a prouvé que cet effet était dû à cette double circonstance, que dans une goutte de sang soumise à l'action de la pile, les acides des sels décomposés se portent au pôle positif et y font coaguler l'albumine, tandis que les alcalis, qui ont la propriété de dissoudre cette substance, se portent au pôle négatif. Mais, pour la fibrine, le physiologiste allemand l'a vue répandue également sur toute la nappe du liquide, d'où, sans rien décider sur l'albumine, il a conclu que la fibrine n'était pas électro-négative, à l'inverse de ce qu'en avait dit M. Dutrochet.

Relativement à l'albumine, nous aurons bientôt le droit d'émettre notre opinion. Quant à la fibrine, nous ne pouvons que nous rendre aux raisons de Muller ; mais nous ne partageons plus sa manière de voir en ce qui concerne l'hématosine, à laquelle il conteste la qualité électro-positive ; car, ainsi que nous allons le voir, le résultat même de ses expériences infirme sa conclusion :

« J'ai obtenu, dit-il, des résultats différents selon

---

(1) **Traité de Physiologie de Burdach**, t. **VI**, p. 148, trad. franç. par Jourdan.

que je fermais la chaîne avec les fils de cuivre eux-mêmes ou que j'ajoutais à celui du pôle zinc, qui s'oxide fortement, un bout de fil de platine, pour mettre hors de jeu l'oxidation du cuivre. Dans le premier cas, les phénomènes ont été différents de ceux décrits par M. Dutrochet; dans le second, ils ont été les mêmes. »

Eh! bien, dans *le premier cas*, Muller dit que la matière colorante se coagulait de suite avec de l'albumine autour du pôle positif, mais il avoue que le *caillot rouge était distendu de plus en plus par de nouveaux caillots d'albumine, caillots gris-blancs, allant occuper le centre de l'onde du pôle en question, et refoulant ainsi de dedans en dehors la partie colorée.* Or, nous le demandons, si de la matière colorante est présente dans le premier dépôt formé au pôle positif, et ne paraît plus dans les subséquents, qui le chassent, ne faut-il pas attribuer le premier effet à ce que cette matière s'est trouvée d'abord surprise, englobée par de l'albumine, qui se concrétant rapidement, l'a empêchée de se porter ailleurs? ne faut-il pas attribuer le second à ce que les dépôts subséquents n'ont plus, en se formant, trouvé dans leurs sphères d'action, c'est-à-dire dans la sphère d'action du pôle positif, d'hématosine à englober? En effet, pourquoi n'y a-t-il plus d'apparence d'hématosine dans le second cas, elle qui pourtant est insoluble, comme l'albumine, sous l'action des acides formés au pôle positif? C'est évidemment parce qu'elle s'est portée ailleurs, c'est-à-dire au pôle négatif, où elle se dissout, d'après Muller lui-même, sous teinte rosée, par l'influence des alcalis des sels décomposés à ce pôle.

Dans le second cas, le physiologiste de Berlin, quoiqu'ayant obtenu les mêmes résultats que M. Dutrochet, contredit pourtant la conclusion de ce dernier. Voyons s'il est plus heureux. Il a vu le centre de l'onde du pôle positif moins rouge que le centre de l'onde du pôle négatif. Cet aveu est déjà précieux, car si le fait offre une preuve physique qu'il y a plus de matière colorée au pôle négatif qu'au pôle positif, cette preuve est singulièrement corroborée par cette considération chimique, que les alcalis des sels décomposés se portant au pôle négatif ont la propriété de dissoudre l'hématosine; de sorte que dès l'instant que le liquide où l'hématosine est dissoute, est plus coloré que le liquide où elle est suspendue, il faut nécessairement admettre que le premier de ces liquides est infiniment plus chargé d'hématosine que le second. Mais Muller, remarquant que le bord de chaque onde est plus coloré que le centre, en infère que la matière colorante s'éloigne des deux bords. Sa conclusion n'est pas rigoureuse. Certes, la matière colorée de l'onde du pôle positif ne peut, elle, que s'éloigner du centre, car n'étant pas susceptible de s'y dissoudre et, au bout d'un certain temps n'y étant plus apparente, elle n'y est nécessairement plus. Mais on ne peut pas en dire autant de celle de l'onde du pôle négatif, car celle-ci doit s'y dissoudre sous une teinte rosée. Dans ce cas, les bords seront nécessairement plus rouges que le centre, vu que c'est aux bords que les alcalis dissolvants sont le moins concentrés; mais l'on ne pourra pas dire que la matière colorante des bords fuit le centre, du moment que l'on voit le centre toujours coloré par la solution de cette matière, et, chose extrêmement remarquable, ainsi qu'il a été dit plus haut, plus coloré que le centre de l'onde du pôle positif.

En résumé, il résulte, non des conclusions, mais des

expériences de Muller, que l'albumine, se portant toujours au pôle positif, où elle va former des dépôts *successifs*, est électro-négative; que l'hématosine, d'abord englobée et entraînée par l'albumine vers le pôle positif, puis s'en dégageant, et, du reste, toujours présente au pôle négatif, est électro-positive, et que la fibrine, également répandue sur tous les points de la nappe de sang soumise à l'action de la pile, est indifférente.

De cette comparaison des trois principaux éléments du sang, nous aurons à conclure que leur qualité électro-positive est graduée selon leur pouvoir excitant connu sur les parois vasculaires; d'où il est vrai de dire que l'impression de laquelle provient, dans le conflit du sang et de ses parois, l'excitation normale, coïncide avec une influence impressive électro-positive.

Ceci ne veut pas dire que tout corps électro-positif puisse remplacer, comme excitant normal, l'hématosine; ainsi que nous l'avons exprimé dans la *Nouvelle théorie de l'action nerveuse*, il faut reconnaître, d'après les faits physiques et surtout chimiques, des affinités spéciales, ou, si l'on veut, des spécialités dans l'électricité [1], et, par conséquent, dans le sang, un exci-

(1) Au point de vue de nos théories physiologiques, le terme *électricité* a été pris dans un sens abstrait, représentant l'idée de tout fluide émanant de la matière et présidant à des collisions attractives et répulsives *matérielles*. Comme en physique, l'électricité du zinc n'a pas exactement les caractères de l'électricité du verre, comme en chimie il existe des affinités *électives*, comme le chlore, par exemple, attire mieux certains corps électro-positifs que l'oxigène, etc., etc. Il faut tenir compte aussi en physiologie des affinités spéciales ou électives entre les divers agents matériels d'impression; d'un côté les divers nerfs, de l'autre les divers corps impressifs. C'est par là seulement que peuvent se concevoir les spécialités d'excitation, de sédation, de sensations, de sécrétions, d'absorption, de propagation et de maladies. L'idée d'électricité ainsi considérée n'est donc

tant propre ou normal. Mais il suffit ici de voir que l'excitant normal a la qualité électro-positive.

VII.

Maintenant, il faut le dire, ce n'est pas seulement de carbone, d'azote, d'hydrogène et d'oxigène qu'est composée l'hématosine; elle contient aussi du fer, que Berzelius, M. Lecanu et autres chimistes considèrent comme son élément principal. En thérapeutique, en effet, outre que le traitement par le fer provoque dans le sang la formation d'une plus grande quantité d'hématosine, il active et régularise encore d'une manière bien évidente, la fonction vasculaire sanguine.

Il faut dire encore que cette hématosine ferrugineuse, rouge dans le sang artériel, jouit du pouvoir excitant, tandis que, brune dans le sang veineux, elle a considérablement perdu de ce pouvoir ; c'est au point que, si elle passe brune dans les artères, elle y devient impropre à l'entretien de la vie.

Eh bien ! voyons si, d'après la théorie la plus rationnelle, on peut concevoir que, par sa seule essence ferrugineuse, l'hématosine puisse être plus électro-positive dans le sang artériel, et moins électro-positive dans le sang veineux, double circonstance qui se lierait ici avec son *minimum*, et là avec son *maximum* de pouvoir excitant.

autre que celle de l'attraction prise dans toutes ses phases et ses variétés. Rappelons toutefois que nul conflit ne s'exerce entre deux corps quelconques sans développement de l'électricité proprement dite, c'est-à-dire, sans que l'un joue le rôle de corps électro-positif et l'autre celui de corps électro-négatif : d'où l'électricité sera toujours active dans les nerfs, quoique pouvant être spécialisée, selon la diversité des conflits matériels.

Posons d'abord quelques faits, desquels doivent découler nos conclusions :

D'après les analyses de M. Lecanu, les cendres de l'hématosine sont constituées par du fer et de l'oxide de fer (7,1 de métal pour 10,0 d'oxide).

Parmi les oxides de fer, le peroxide, qui est le seul coloré en rouge et qui, à l'état d'hydrate, est d'un rouge vif, a la plus grande affinité, pour l'acide carbonique : avec celui-ci, il peut se transformer d'emblée en ce corps brun-rouge, appelé rouille, oxide brun, sous-sesqui-carbonate de fer, qui est composé de sous-carbonate de peroxide et de carbonate de protoxide, lesquels sont, eux-mêmes, réductibles en hydrate de peroxide à une certaine température, au contact de l'oxigène et de l'eau, sous une influence électrique, etc.

Dans l'acte respiratoire, il s'introduit dans le sang de l'oxigène et il s'en échappe de l'acide carbonique.

Dans l'acte de nutrition il y a des tissus au sang, un passage d'acide carbonique, produit de toute décomposition animale au premier degré, et du sang aux tissus un passage d'oxigène.

Quel pourra être le résultat de tout cela ?

1° Dans l'acte respiratoire, formation de l'hydrate (rouge vif) de peroxide de fer par l'action de l'oxigène et de l'eau sur le fer ou sur les composés de fer provenant du chyle, et sur le fer carbonaté de l'hématosine veineuse, lequel perd alors son acide carbonique [1]. 2° Dans l'acte nutritif, cession de la part de cet hydrate de pe-

---

[1] Dans un mémoire sur les lois du mouvement vital qui doit faire suite à celui-ci, nous apprécierons en ceci une influence très-active, celle d'une action électrique inhérente à l'innervation.

15

roxide d'une partie de son oxigène aux matières organiques ; en échange de cet oxigène, cession de la part
de ces matières de leur acide carbonique aux corps fer-
rugineux restant dans le sang ; par tout cela, formation
du mélange naturel (brun rouge) de proto-carbonate et
de sous-sesqui-carbonate de fer [1].

Voilà maintenant notre solution toute trouvée : le
peroxide de l'hématosine artérielle, en qualité d'oxide
basique susceptible de se combiner avec les acides,
notamment avec l'acide carbonique (M. Soubeyran,
M. Longchamp), est plus électro-positif que le sel
neutre carbonate de protoxide qui, avec le sous-sel,
sous-carbonate de peroxide moins électro-positif aussi
que le peroxide, ferait partie de l'hématosine veineuse [2].

(1) Liebig (Chimie organique appliquée à la physiologie, p. 175, trad.
franç.) expose une théorie des changements de coloration du sang dont
la nôtre est l'analogue ; mais, pour lui, c'est seulement en carbonate de
protoxide que se transforme l'hydrate de peroxide de l'hématosine artérielle. Nous ferons remarquer que le carbonate de protoxide, loin d'être
brun rouge, est blanc et ne devient coloré qu'à mesure qu'il est mis en
contact avec l'air qui, dès-lors, lui donne de nouveaux degrés d'oxidation,
provoquant ainsi le mélange naturel de carbonate de protoxide et de sous-
carbonate de peroxide qui constitue la rouille. Du reste, la théorie de
Liebig, étant adoptée, ne changerait rien à nos conclusions relativement
aux qualités électriques des deux hématosines.

(2) Nous devons cependant le dire, la présence du fer n'est pas immédiatement reconnue dans le sang par les réactifs ordinaires qui la font
reconnaître dans un liquide inorganique. De là, Berzélius et M. Lecanu
ont considéré le fer comme étant, dans le sang, à l'état métallique. Toutefois M. Henry Rose a dit qu'un grand nombre de matières organiques
ont la propriété, lorsqu'on mêle leur solution aqueuse avec une certaine
quantité d'un sel ferrique, de le dérober aux réactifs. Berzélius n'a pas
reconnu cela par les moyens artificiels ; mais cet insuccès ne prouve pas
qu'il ne puisse exister certaine substance organique jouissant à l'égard
des oxides ou des sels ferriques de plus d'affinité que les réactifs connus.
Il est certes plus rationnel de croire cela que de croire qu'un métal aussi

VIII.

Nous savons que Bellingeri [1] avait reconnu une tension électro-positive au sang artériel pris en masse, tension s'exagérant dans les cas d'inflammation, c'est-à-dire d'excitation sanguine : il est certes du plus haut intérêt de rechercher d'où provient cette tension et si elle concerne la partie excitante du sang, le globule.

Read [2], le premier, a observé qu'une atmosphère électrisée positivement devient électrisée négativement lorsqu'elle est altérée par la respiration des animaux. Si le corps cède de l'électricité négative à l'atmosphère par l'acte en question, il est clair qu'il tend par là à garder un excès d'électricité positive.

Comment l'acte respiratoire peut-il amener ces effets? Les lois d'électro-chimie nous jetteront sur ce point une vive lumière.

1° Tout acide, en se dégageant d'une composition, emporte avec lui de l'électricité négative pour laisser de l'électricité positive en excès au corps dont il se sépare (M. Pouillet, M. Becquerel).

Voilà que l'acide carbonique expulsé dans l'acte respiratoire, en emportant avec lui l'électricité négative reconnue par Read, fait qu'il reste un excès d'électricité positive au sang et notamment à la partie du sang abandonnée par lui.

oxidable que le fer ne s'oxide pas dans le sang, où il est incessamment en contact avec l'eau et sous l'influence d'une température de 36°, où il reçoit l'impression régulière de l'oxigène de l'air, et surtout, ainsi que nous allons le démentrer dans le paragraphe suivant, où il reçoit dans l'expiration une tension électro-positive due à la perte que fait le sang de son acide carbonique et de son eau de transpiration.

(1) Experimenta in electricitatem sanguinis, p. 15-18.
(2) Transact. philosoph., année 1794, t. II, p. 266.

2° Dans les combinaisons de l'oxigène, l'oxide formé manifeste une tension électro-positive, et la partie du combustible non oxidée une tension électro-négative (M. Pouillet).

Voilà que la partie du sang avec laquelle se combine l'oxigène dans l'inspiration, prend une tension électro-positive, l'autre partie une tension électro-négative.

3° La vapeur d'eau, qui se dégage d'un liquide alcalin à base fixe, emporte avec elle de l'électricité négative et laisse au liquide un excès d'électricité positive.

Eh bien! le sang dont la sérosité est un liquide alcalin à base fixe, perd par le poumon, selon les expériences de Dalton et de Seguin, de 18 a 20 onces d'eau par 24 heures.

Notons, avant d'entrer dans les conséquences de détail des trois lois exposées, une conséquence de ces lois intéressant la modalité du sang électrique en général, et partant, des tissus qu'il impressionne.

D'abord, il faut remarquer un fait capital devant dominer ici tous les autres : c'est que l'expiration de de l'acide carbonique et, du reste, aussi celle de la quantité de vapeur d'eau qui l'accompagne, sont des motifs pour que le sang et l'organisme en général perdent par le poumon une certaine quantité d'électricité négative. L'inspiration de l'oxigène sera-t-elle un motif pour qu'il s'échappe en compensation par la même voie de l'électricité positive, ou pour que le sang et l'organisme reprennent à l'atmosphère l'électricité négative perdue ? Non, d'après l'expérience citée de Read; non, d'après la théorie : car, d'un côté, l'oxigène n'était pas combiné, mais n'était que mêlé avec l'azote de l'air qu'il paraît

abandonner dans le poumon, et par conséquent n'emporte pas avec lui, comme dans le cas où il se sépare d'une combinaison, un excès d'électricité négative; car d'un autre côté, quand même cet oxigène, en se combinant avec le sang, attire l'électricité positive de ce liquide, cette électricité ne sera pas évacuée dans l'atmosphère, du moment que, selon la loi citée de M. Pouillet, elle se mettra en tension sur l'oxide formé.

En réalité, dès lors, l'organisme aura toujours perdu, sans compensation, une certaine quantité d'électricité négative, et, conséquemment à cela, le sang oxidé et décarbonaté contiendra, après l'inspiration comme après l'expiration, un excès d'électricité positive.

Mais que doit-il se passer dans l'acte de nutrition où les tissus perdent de l'acide carbonique et où ils font, sans doute, une acquisition d'oxigène? Par le premier fait, les tissus prendront un excès d'électricité positive et la communiqueront à leurs nerfs; par le second, au contraire, ils prendront bien de ces nerfs un excès d'électricité positive; mais, notons bien ceci, cette électricité ne passera pas dans le sang; d'après la loi de M. Pouillet, elle se mettra en tension sur les points oxidés; or, cette dernière électricité tendra aussitôt à se recombiner, par voie de continuité, avec l'électricité négative qui avait d'abord été repoussée dans les nerfs [1], de sorte que son effet sera annulé et qu'il ne restera que l'effet électrique de la décomposition animale au premier degré,

---

[1] C'est ce qui a lieu dans une pile plongeant dans de l'eau ordinaire, au lieu de plonger dans de l'eau acidulée; elle reste sans effet électrique apparent, parce que l'oxide de zinc formé n'étant pas dissous et restant attaché à la plaque de ce nom, recombine immédiatement son électricité positive avec l'électricité négative du couple métallique.

c'est-à-dire à produits acides qui, comme nous l'avons vu, produit une impression électro-positive.

Disons toutefois qu'alors même qu'il y aurait compensation entre les mouvements électriques inverses produits au sein des capillaires généraux dans l'échange des deux corps acide carbonique et oxigène ; malgré cela, comme le sang aurait déjà acquis une tension électro-positive que plus haut nous avons attribuée à ce qu'il se perd, sans compensation de l'électricité négative dans l'acte respiratoire, les nerfs impressionnés recevraient plus d'électricité positive qu'ils ne reçoivent d'électricité négative, et en définitive l'impression sanguine n'en serait pas moins électro-positive.

Entrons maintenant dans les conséquences de détail des lois exposées en tête de ce paragraphe.

Nous savons positivement que le globule brun-rouge devient vermeil au contact de l'oxigène, et qu'alors encore de l'acide carbonique est dégagé ; car si ce globule brunit de nouveau, c'est qu'il a reçu de l'acide carbonique. Voilà donc une partie intégrante du sang, le globule, certainement intéressée dans l'acte d'hématose, et par l'abandon de l'acide carbonique et par l'addition de l'oxigène, et ainsi, grâce à ces deux influences, doublement rendue électro-positive : l'acide carbonique, se détachant du globule, lui laissera un excès d'électricité positive, du moment qu'il emporte, lui acide, de l'électricité négative ; l'oxigène, se combinant avec ce même globule, provoquera en lui la même tension, comme il la provoque dans un oxide qu'il vient de former.

Mais est-il quelque fait qui prouve que le globule puisse devenir le siège d'une tension électrique ? Oui.

Tourdes [1] a vu des globules frémir, palpiter sous l'influence du galvanisme.

En est-il d'autres qui prouvent que le globule puisse conserver sa tension depuis son départ du poumon jusqu'à son arrivée dans les capillaires généraux ? Oui. Haller, Delpech et Coste, Spallanzani, Muller, Heydman, Treviranus, Gruithuisen, etc., ont vu les globules du sang, même d'un sang nouvellement soustrait au corps, s'attirer, se repousser, frémir, palpiter, etc. Du reste, d'un côté, ces attractions et ces répulsions matérielles ne doivent pas étonner, car les globules sont inégalement électrisés, du moment que ceux qui ont été nouvellement formés dans l'acte d'hématose n'ont pas encore été soumis à la soustraction de l'acide carbonique, comme ceux qui préexistaient tout formés dans le sang veineux, mais n'ont été soumis qu'à l'influence de l'oxigène : dès-lors, les uns s'attirent, ce sont ceux qui sont inégalement électrisés ; les autres se repoussent, ce sont ceux qui le sont également. D'un autre côté, l'on ne doit pas s'étonner non plus de la persistance de la tension électrique en question, depuis les poumons jusqu'aux capillaires généraux, si la partie du globule électrisée est un oxide, genre de corps mauvais conducteur, si le globule contient de la matière grasse, autre genre de corps mauvais conducteur ; enfin, si le globule électropositif est tenu en suspension dans un liquide lui-même électro-positif, soit par sa nature alcaline, soit par tension à la suite de la transpiration et de la sécrétion acide pulmonaires.

Ainsi, le globule artériel que nous avons vu devoir

<hr>

(1) Décade phylosoph., n° 3, an 7, pag. 118.

être électro-positif par sa nature chimique, l'est sûrement d'après les lois d'électro-chimie, par tension accidentelle physique, et cette tension se maintient pour le moins jusqu'à l'arrivée du globule dans les capillaires généraux.

Quant au globule du sang veineux, sang que Bellingeri a reconnu dans ses expériences n'être jamais plus électro-positif que le sang artériel, il semble devoir être, en effet, moins chargé d'électricité positive que le globule de ce dernier, et cela non-seulement parce que dans les capillaires généraux le globule se sera déchargé, au bénéfice des tissus et des conducteurs nerfs, de son électricité positive tensive, mais encore parce qu'il aura reçu un ou plusieurs acides, tout au moins de l'acide carbonique provenant d'une décomposition, c'est-à-dire électro-négatif et par conséquent neutralisateur. Certes, il aura perdu une partie de son oxigène provenant de la décomposition du peroxide hématosique artériel; mais notons, d'après ce qui a été dit dans le paragraphe précédent, où nous avons considéré l'hématosine veineuse comme contenant un mélange de proto-carbonate et de sous-sesqui-carbonate de fer, notons, dis-je, que tout le peroxide artériel ne se sera pas transformé en protoxide pour la formation d'un carbonate de protoxide, puisqu'une partie sera restée peroxide pour la formation d'un sous-sesqui-carbonate de peroxide, tandis que peroxide préexistant et protoxide nouvellement formé seront changés en carbonate, et que dès-lors il y aura plus d'acide carbonique acquis par le globule que d'oxigène perdu par lui. Mais, dira-t-on, le globule artériel n'est donc pas chargé de tout l'oxigène inspiré? non,

*

certes, puisque Schultz [1], Blumenbach [2], Magnus [3], en ont trouvé une notable quantité en dissolution dans le sang. Or, en supposant que celle-ci se combine aussi avec les tissus, ce qui est probable, n'étant pas de l'oxigène dégagé d'une combinaison [4], mais seulement d'une solution, il ne laissera pas au sang qu'il quitte de l'électricité positive. Du reste, y aurait-il compensation d'effets électriques entre la perte d'oxigène et l'acquisition d'acide carbonique faites par le sang des capillaires généraux, il resterait toujours, pour le rendre moins électro-positif que le sang artériel, le fait de la diminution progressive de sa tension électro-positive accidentelle au contact des tissus et surtout au contact des tissus conducteurs, tels que les nerfs.

Maintenant, c'est le cas de le dire ou plutôt de le rappeler après l'avoir dit ailleurs [5], ces nerfs, les nerfs vasculaires, sont tout disposés à s'emparer de cette électricité positive du sang, car, faisant partie d'un système qui, nous l'avons fait voir aussi [6], est *un* et *continu*, et ce système recevant à la périphérie des impressions normales en général électro-négatives, telles que celles de l'air atmosphérique composé de deux gaz éminemment électro-négatifs (oxigène et azote), d'une température plus basse et par conséquent moins électro-positive que celle du sang, et d'une fibre musculaire reconnue

(1) Das System der circulat., p. 58.
(2) Kleine Scriften, p. 71.
(3) Gilbert annalen CXVI, p. 600.
(4) Comme les acides, l'oxigène, quand il provient d'une décomposition, emporte avec lui de l'électricité négative, et alors le corps qu'il abandonne prend de l'électricité positive (M. Pouillet, M. Becquerel.)
(5) Nouvelle théorie de l'action nerveuse, p. 84-85, p. 196-197.
(6) Loco citato, chap. I (de l'unité du système nerveux).

pour être électro-négative par rapport aux nerfs, ces nerfs vasculaires sont certes dans les conditions de conducteurs électrisés positivement d'un côté, négativement de l'autre, dans les conditions d'un pôle de pile galvanique, dans les conditions enfin de l'*excitabilité*.

Concluons que le sang veineux est moins électro-positif que le sang artériel.

Nous venons d'exposer dans ce paragraphe une des preuves les plus imposantes de la qualité électro-positive du sang artériel ; elle y démontre, en effet, une tension, une surcharge accidentelle d'électricité, c'est-à-dire un état qui donne à ce liquide la nécessité de transmettre facilement une forte dose du fluide en question aux nerfs des capillaires qu'il impressionne.

IX.

Deux objections peuvent être opposées à la théorie que nous venons d'exposer sur la tension électro-positive du sang artériel.

1° Une première objection serait la théorie de la respiration par Lavoisier qui admettrait que l'oxigène inspiré brûle immédiatement, dans le poumon, le carbone du sang. Certes, dans cette hypothèse, le globule tendrait à devenir électro-positif par l'effet de l'oxidation, s'il restait en lui de l'oxide formé ; mais il tendrait à devenir électro-négatif par l'effet de la combustion du carbone ; en effet, d'après les expériences de M. Pouillet, l'acide carbonique qui vient de former une combustion de carbone se dégage chargé d'électricité positive, et la partie de carbone non brûlée manifeste au point opposé à celui de la combustion de l'électricité négative ; mais, il faut le dire, la théorie de Lavoisier est inadmissible aujourd'hui, en voici les raisons :

D'un côté, il résulte des expériences de Coutanceau, Nysten, Collard de Martigny, Legallois, Davy, Abernethy, W. Edwards, Spallanzani, Provençal, Al. de Humbold, etc., que les animaux auxquels on ne fait inspirer que de l'azote ou tout autre gaz que l'oxigène, n'en expirent pas moins de l'acide carbonique et, chose singulière, en expirent encore plus que s'ils n'avaient inspiré que de l'oxigène. D'un autre côté, si Read a trouvé que l'influence de l'inspiration rendait l'atmosphère électro-négative, il est bien clair, ce nous semble, que l'acide carbonique dont elle se charge doit provenir d'une décomposition et non d'une récente combinaison.

2° La seconde objection serait l'analogue de celle-ci : l'oxigène inspiré peut ne pas brûler le carbone du sang dans les poumons ; mais ne peut-il pas, en passant dans les capillaires généraux, y brûler directement le carbone des tissus ? Alors, certes, l'acide carbonique provenant d'une récente combinaison, au lieu de laisser aux tissus de l'électricité positive, leur laisserait au contraire de l'électricité négative.

La réponse à cette objection est en partie identique, en partie analogue à celle faite à l'objection précédente.

D'une part, d'après les expériences citées de Coutanceau, Nysten, Collard de Martigny et autres, l'oxigène n'est pas plus nécessaire au dégagement de l'acide carbonique dans les capillaires généraux que dans les capillaires pulmonaires. D'autre part, Bellingeri n'a jamais trouvé le sang veineux plus électro-positif que le sang artériel, tandis qu'il a si souvent trouvé le contraire, qu'il l'a considéré comme la règle.

X.

Nous allons nous résumer sur l'ensemble de nos conclusions.

Si l'expérience atteste que le sang artériel est plus électro-positif que le sang veineux ; si elle atteste que le sang est plus électro-positif dans l'état inflammatoire que dans l'état normal ; si les matériaux nutritifs du sang se transfusent dans les tissus par endosmose ; si le sang agit sur l'incitabilité nerveuse à la manière de la chaleur, des alcalis, de l'électricité positive ; si la température est normalement plus élevée que celle de l'atmosphère ; s'il contient des principes médiats (azote, carbone, hydrogène, oxigène) en proportion telle que le produit de leur combinaison doive être électro-positif; s'il contient des principes immédiats essentiels (albumine, fibrine, hématosine) dont les plus excitants sont, d'après leur composition et leurs propriétés physiques et chimiques, les plus électro-positifs ; si son principe excitant par excellence (l'hématosine) est, d'après certaines modifications qu'éprouve dans le torrent circulatoire sa nature chimique, plus électro-positif à son maximum qu'à son minimum d'excitement ; enfin, si cet élément et du reste aussi tout le sang ont perdu par des circonstances particulières, de leur électricité négative avant que ne se fasse l'impression nutritive, il doit rester avéré que le liquide en question agit sur le système nerveux de la vie nutritive qu'il impressionne à la manière d'un corps électro-positif.

Maintenant, nous ne ferons que rappeler comment il se fait que l'élément excitant du globule, l'hématosine, ne se combine pas avec les tissus. Nous l'avons dit dans l'ouvrage cité, l'hématosine artérielle se neutralisant dans les capillaires en changeant son oxide en sel, en carbonate, doit s'effacer comme corps électrique attractif et laisser s'assimiler aux tissus, excités par elle à l'assimilation, d'abord l'élément immédiat du globule le plus électro-positif après elle, la fibrine; ensuite l'albumine et autres produits étrangers au globule.

Nous n'entrerons pas non plus dans des détails au sujet de l'influence de l'électricité du sang sur les nerfs vasculaires. On comprendra que cette influence soit réelle et s'étende, par continuité nerveuse, à tout l'appareil nerveux; car personne, que nous sachions, n'a nié le pouvoir conducteur des nerfs pour l'électricité; pourtant rappelons que l'on a nié le pouvoir mauvais conducteur du névrilème par rapport à la pulpe; et plusieurs savants, entre autres Muller et M. Person, ont admis, en conclusion de certaines de leurs expériences, que l'électricité pénétrant un nerf se dissipait latéralement et restait sans influence notable comme électricité sur les points nerveux éloignés des points impressionnés. Nous avons réfuté les conclusions de ces auteurs dans la *Nouvelle théorie de l'action nerveuse* [1], mais nous n'avons pas produit une preuve expérimentale qui nous paraît convaincante, la voici :

Cavallo [2], Pfaff [3] et M. Humbold [4] ont vu l'électricité galvanique, pénétrant toute la longueur d'un nerf dénudé dans la partie supérieure de son trajet, faire contracter les muscles attenant à ce nerf, quoique

---

(1) Chap. XV, p. 217, 229.
(2) Complete tseatise on electricity, vol. 3, 1795.
(3) Ouv. sur l'électricité et l'irritabilité animale, p. 30.
(4) Expériences sur le galvanisme, p. 244, trad. franç.

ce nerf et tout le système fussent plongés dans un liquide, tel que l'eau, le mercure, le sang, l'esprit de
vin, l'acide muriatique, etc.

Ainsi, si le sang est électrique et si la pulpe nerveuse
est un conducteur isolé, on ne pourra pas mettre en
doute l'influence électrique de ce sang sur les phénomènes nerveux dont nous avons cherché l'essence dans la
nouvelle théorie de l'action nerveuse ; et on ne pourra
mettre en doute que la prise en considération de cette
influence, la plus puissante et la plus étendue de l'économie animale, ne soit une des bases les plus solides
d'une doctrine physiologique et médicale.

LOIS SYNTHÉTIQUES

DU

MOUVEMENT VITAL,

PAR F.-AUG. DURAND

(DE LUNEL),

Docteur-Médecin des Hôpitaux militaires.

Février 1845.

————◄○○►————

Pluribus unum.

La loi de l'attraction qui, depuis Newton, est encore
venue étreindre dans sa large formule les procédés matériels de la physique expérimentale et de la chimie, serait-
elle encore susceptible d'y comprendre les procédés
vitaux? Les conditions des corps vivants que les orga-
niciens appellent *propriétés vitales*, telles que l'irritabilité, l'excitabilité, la contractilité, etc., n'émaneraient-elles
que d'une même propriété primordiale, l'*attractilité?* ou
bien, le principe animateur des actes végétatifs chez les
êtres vivants, ce principe indéterminé que les vitalistes
appellent *principe vital*, ne serait-il autre chose que le
principe général qui préside aux mouvements attractifs
matériels? En d'autres termes, ne faudrait-il reconnaître

* Mémoire envoyé à l'Académie des Sciences et au Conseil de
Santé des armées, le 9 février 1845.

dans la vie des animaux que deux choses : les lois sensitives ou métaphysiques ressortant de l'âme, et les lois physiques faisant rentrer les phénomènes dits vitaux ou végétatifs dans les conditions communes de la matière ?

Dans la *Nouvelle Théorie de l'action nerveuse*, publiée il y aura bientôt deux ans, nous avions reconnu un assez grand nombre de phénomènes vitaux dans les dépendances mêmes de la loi d'attraction, et soit l'électricité, type *commun* d'attraction au sein de la matière qui nous entoure, soit les affinités électives, types *spéciaux* d'attraction se surajoutant quelquefois à l'électricité et ne s'exerçant *jamais* sans elle, nous avaient rendu compte de ces phénomènes, tantôt d'après l'expérience, tantôt d'après l'observation d'effets analogues dans la matière inerte. Mais nous n'avions pas tout fait : ayant pénétré dans le dédale organique, nous n'en avions parcouru, par l'analyse, qu'un certain nombre de détours : eh bien ! le système de ceux-ci une fois bien connu, bien étudié, devait nous acheminer, comme jalon, vers la connaissance des autres, nous faire enfin découvrir la loi de l'*ensemble*.

Aujourd'hui, après avoir mûri, étendu nos premières propositions sur les qualités électriques du sang, dans un Mémoire envoyé à l'Académie des sciences le 15 mars 1844, après avoir apprécié les qualités électriques de presque tous les autres agents impressifs *permanents* de l'économie vivante, et après avoir quelquefois modifié nos premières manières de voir, nous allons émettre, en un premier décalogue, une *synthèse du mouvement vital* que nous ferons naturellement suivre, dans un autre Mémoire, d'une *synthèse des mouvements morbides*.

Mais comme, avant d'arriver à nos convictions, nous

3

sommes pari de faits particuliers , comme , avons-
nous dit, l'analyse a d'abord été notre guide, pour mettre
aussi bien que possible nos lecteurs à notre point de vue
et ne pas leur donner tout d'abord à soupçonner une
hypothèse en tête de nos lois synthétiques, nous leur
rappellerons d'abord, d'une manière brève, les principaux faits sur lesquels nous nous sommes appuyé pour
arriver à la solution du problème fondamental de nos
théories, celui qui a trait à la qualité électro-positive du
sang, notamment du sang rouge ; et puis nous leur exposerons, très succinctement encore, d'après quels faits
nous reconnaissons la qualité relativement électro-négative aux autres agents impressifs permanents de l'économie.

Voici les faits principaux qui ont appuyé notre asser-
tion sur le sang :

1° Les expériences de Vassali-Eandi (1) reconnaissant
au sang une tension positive ;

2° Celles de Bellingeri (2) reconnaissant au sang veineux une tension moins positive qu'au sang artériel;

3° Les analogies tirées des impressions de chaleur,
des alcalis, de l'électricité positive, qui, positives, ex-
citent plus l'action nerveuse que le froid (Harvey, Haller,
Langrish, de Humboldt), que les acides (de Humboldt),
que l'électricité négative (Marianini, Grapen-Giesser,
Ritter) ;

4° La température du sang plus élevée, donc plus
positive (expériences thermo-électriques : M. Becquerel)
que celle de l'atmosphère ;

<hr>

(1) *Journal de Physique*, germinal, an VII.
(2) *Experimenta in electricitatem sanguinis*, pages 15-18.

4

5° La comparaison des éléments de l'eau, corps indifférent, avec ceux du sang qui, dans ses principes immédiats essentiels, renferme les éléments de ce liquide, mais dans des proportions qui doivent le rendre plus positif que lui (Burdach);

6° La comparaison entre eux des principes immédiats essentiels, albumine, fibrine, hématosine, dont les plus excitants renferment plus d'hydrogène et moins d'oxigène (Michaelis), se comportent chimiquement comme les plus électro-positifs (Burdach), et dont le plus excitant, l'hématosine, se porte au pôle négatif de la pile (MM. Dutrochet, Hornbeck, Muller), et le moins excitant, l'albumine, au pôle positif (Muller), la fibrine restant indifférente (Muller (1));

7° La présence du fer dans l'hématosine qui paraît contenir ce métal à l'état de peroxide, étant rouge, et à l'état d'un mélange de proto-carbonate et de sous-sesqui-carbonate, de rouille (plus négatif), étant rouge-brune;

8° Dans l'acte respiratoire, l'expiration de l'acide carbonique provenant d'une décomposition, ce qui doit rendre le corps décomposé (le globule) électro-positif par tension (loi de MM. Pouillet et Becquerel); l'inspiration de l'oxigène, ce qui doit rendre l'oxide formé (le globule rouge) électro-positif par tension (loi de M. Pouillet); enfin l'évaporation de l'eau de la transpiration pulmonaire, qui, émanant d'un corps alcalin à base fixe, du

---

(1) Je dois dire que Muller n'a pas tiré de ses expériences, relativement aux qualités électriques de l'albumine et de l'hématosine, les conclusions que j'en ai tirées dans mes recherches sur la qualité électrique du sang : voyez ce Mémoire et la note de la deuxième Loi du présent travail.

sérum du sang, doit encore donner une tension électro-positive à la masse de ce liquide ;

9° Les expériences de Réad (1) qui a vu une atmosphère positive devenir négative sous l'influence de la respiration des animaux.

Cela étant rappelé, étant rappelé surtout que, d'après nos déductions propres, le sang artériel est électro-positif par tension, nous exposerons rapidement que les autres impressifs permanents de l'économie sont, à peu près tous, électro-négatifs.

1° L'air atmosphérique est essentiellement composé d'oxigène et d'azote, deux corps électro-négatifs d'une manière absolue.

2° La température extérieure est normalement plus basse que celle de l'intérieur du corps, et par conséquent exerce sur celui-ci une influence électro-négative (déduction des expériences thermo-électriques).

3° La fibre musculaire a été reconnue par les physiciens comme négative relativement aux nerfs.

4° La substance blanche nerveuse étant moins imprégnée de sang que la grise, est, relativement à elle, négative, puisque le sang est positif.

5° Le sang veineux est moins électro-positif que le sang artériel (expériences de Bellingeri): cela doit être ; le globule artériel a à perdre une partie de sa tension dans son trajet, et notamment dans les capillaires. Cela doit être encore, si le peroxide de fer de l'hématosine rouge se change en sous-carbonate brun, et si, comme nous

(1) *Transact. philos.*, tome II, page 266.

le verrons plus tard, les tissus des capillaires généraux ont une tension négative, résultat de l'innervation.

6° La plupart des grandes sécrétions sont acides : leur produit, quand il est conservé dans des cavités, doit y exercer une influence électro-négative.

Il résulte de ce double exposé qu'à peu près toutes les impressions permanentes de l'économie, autres que celle du sang rouge, sont électro-négatives relativement à ce liquide.

Maintenant, sachant que l'appareil nerveux forme un appareil continu (nous l'avons prouvé ailleurs, tout en prouvant que certains points n'en étaient que d'imparfaits conducteurs (1)), sachant en outre que les nerfs sont conducteurs de l'électricité (2), nous n'aurons qu'à exposer des lois dont les formules sont déjà pressenties.

1ʳᵉ Loi physiologique (générale).

(Innervation générale).

L'appareil nerveux général forme un conducteur continu compris entre une impression *électro-positive*, celle du sang rouge, qui est électro-positif par nature, par température et par tension, et une série d'impressions *électro-négatives*, celles des autres agents impressifs

----

(1) *Nouvelle Théorie de l'action nerveuse*, chap. I.

(2) On a bien dit que le névrilème était aussi bon conducteur que la pulpe, et pouvait dès-lors perdre latéralement l'électricité en circulation. Je n'ai, pour réfuter cette objection, qu'à rappeler des expériences de Pfaff, Cavallo, de Humboldt (*Expériences sur le Galvanisme*, pag. 244, trad. franç. de Jadelot), qui ont vu les phénomènes galvaniques s'exécuter aussi bien à travers des nerfs dénudés plongeant dans des liquides, qu'exposés à l'air libre.

permanents, à peu près tous jugés négatifs relativement au sang rouge. Dès-lors le sang rouge, par son impression physico-chimique exercée sur les extrémités nerveuses qui aboutissent aux capillaires généraux, est un foyer vital irradiant, à travers les nerfs, vers tous les appareils de l'organisme, un influx électro-positif animateur de leurs impressions fonctionnelles qui sont négatives; et, à leur tour et par la même voie, les agents impressifs de ces appareils, autres que le sang, envoient vers celui-ci un influx électro-négatif excitateur de son impression.

2me Loi physiologique.

(Innervation de l'appareil d'hématose).

La partie du conducteur nerveux comprise entre l'ensemble des capillaires généraux et les capillaires pulmonaires reçoit, d'un côté, l'impression d'un sang artériel positif, de l'autre celle d'un sang veineux moins positif: dès-lors cette partie du conducteur nerveux a son pôle positif dans le poumon, et son pôle négatif dans les capillaires généraux.

Par le pôle positif (capillaires pulmonaires), 1° le sang veineux, en redevenant artériel, redevient plus positif; — 2° l'oxigène de l'air est attiré et, se combinant, rend encore les points qu'il oxide plus positifs; — 3° l'hématosine brune (sans doute mélange de proto et de sous-sesqui-carbonate de fer, rouille) est changée en hématosine vermeille (sans doute peroxide de fer, plus positif); — 4° l'acide carbonique est éliminé, laissant encore par là de l'électricité positive aux globules, puisqu'il emporte de l'électricité négative, ainsi que l'a reconnu Réad ; — 5° enfin de l'albumine est concrétée (1), ne pouvant, altérée ou non, que représenter dans cet état la fibrine, et ne pouvant que prendre elle-même, en se modifiant, une tension positive, sous l'influence du pôle où elle se trouve.

Par le pôle négatif (capillaires généraux), 1° le sang

(1) Muller (*Traité de Physiologie de Burdach*, tome VI, p. 148, trad. franç.) a soumis du sang à l'action de la pile. Voici ce qu'il faut voir dans ses expériences : 1° la fibrine ne se porter vers aucun pôle ; 2° des dépôts d'albumine *successifs, et se déplaçant du centre à la circonférence pour faire place à de nouveaux dépôts*, se former autour du pôle positif ; 3° l'hématosine non-seulement se dissoudre au pôle négatif sous l'action des alcalis des sels décomposés à ce pôle, mais encore y rester et disparaître par degrés du pôle positif. J'ai conclu, ai-je dit ailleurs, des expériences de Muller et contre son opinion, que l'albumine était négative, l'hématosine positive, et que la fibrine tenait le milieu entre les deux.

Les expériences de Muller, avec les conclusions que j'en ai tirées, sont de la dernière importance non-seulement en physiologie normale, mais encore en physiologie médicale ; car elles disent, dans les théories que j'expose, pourquoi dans les inflammations aiguës, ainsi que l'ont fait voir les analyses si remarquables de MM. Andral et Gavarret, on remarque dans le sang un excès de fibrine, une diminution d'albumine et une diminution de globules et d'hématosine. Si, en effet, comme je l'établis, les nerfs des capillaires généraux sont le pôle négatif et les nerfs des capillaires pulmonaires un des pôles positifs d'une même pile, il est clair que, lorsque l'impression sanguine dans les capillaires généraux sera extrêmement vive, comme dans le cas d'une inflammation aiguë, le pôle positif fera concréter plus d'albumine, qui sous cette forme ne pourra que représenter la fibrine, et fera dès-lors diminuer la quantité d'albumine, tandis que le pôle négatif où se dissout l'hématosine dépouillera un plus grand nombre de globules rouges, dont quelques-uns feront sans doute partie du pus.

rouge, en passant au brun, redevient moins positif; — 2° l'acide carbonique est éliminé des tissus, leur laissant une influence positive (loi de physique citée); — 3° l'hématosine rouge, dont une partie se dissout dans le sérum (1), passe au rouge-brun (plus négative); — 4° enfin, la fibrine devenue, dans le poumon, positive par tension, est assimilée (2).

3me Loi physiologique.

(Innervation du cœur).

La partie du conducteur nerveux comprise entre l'ensemble des capillaires généraux et le cœur reçoit, d'un côté, l'impression d'un sang rouge (positif), et de l'autre celle de la fibre musculaire (négative). Dès-lors la contraction du cœur est animée par l'influx positif émané de l'impression sanguine générale, et se trouve normalement en rapport avec la vivacité de cette impression. A leur tour, les mouvements du cœur ne sont pas, sans doute, sans influence sympathique sur l'impression sanguine générale.

(1) Voyez la note précédente. Du reste, il est bien vrai que le sang veineux contient moins de globules que l'artériel; et cependant l'hématosine ferrugineuse n'est pas retrouvée dans les tissus : elle a donc été dissoute dans les capillaires.

(2) Quant à l'oxigène, on ignore ce qu'il devient: en tous cas, s'il est assimilé, il reste sans influence électrique sur les tissus ; car l'oxide électro-positif, qu'il forme alors, leur reste adhérent, et rappelle par là l'électricité négative des nerfs, qu'il avait d'abord refoulée.

4me Loi physiologique.

(Innervation de l'appareil digestif).

La partie du conducteur nerveux comprise entre les capillaires généraux et le tube digestif est en rapport, d'une part, avec l'impression positive du sang artériel; et d'autre part, 1° avec la membrane musculeuse (négative) de ce tube; 2° avec les sucs gastrique et intestinal acides (négatifs); 3° d'une manière non permanente, avec des aliments qui, s'ils sont quelquefois électro-positifs par nature, ne le sont jamais par tension comme le sang, et qui, du reste, sont susceptibles de la réaction acide pendant l'exercice de la chymification. Dès-lors les extrémités nerveuses répandues dans le tube digestif représentent un des pôles positifs multiples de la pile nerveuse, et les extrémités nerveuses des capillaires généraux de tout l'organisme représentent le pôle négatif commun. L'innervation du tube digestif provient donc de l'impression générale du sang rouge, et n'est pas sans influence sur l'exercice de cette dernière, comme le prouve l'influence rapide du travail de la digestion sur les exercices calorificateurs et circulatoires. Du reste, les parties inférieures du tube digestif paraissent exercer moins d'influence sympathique sur l'impression sanguine générale que les parties supérieures; et cela doit être, car les matières intestinales perdent de leur acidité à mesure qu'elles descendent dans le tube.

5me Loi physiologique.

(Innervation de l'appareil biliaire).

D'un côté, une partie du conducteur nerveux s'étend entre les capillaires généraux de tout l'organisme et les

EXPLICATION DE LA PLANCHE.

Pile nerveuse.

Pôle négatif commun.

Extrémités nerveuses des capillaires généraux sous l'impression physico-chimique du sang artériel électro-positif. 1

Pôle positif multiple.

1° Extrémités nerveuses de l'appareil cérébro-spinal sous l'impression permanente de l'air atmosphérique (oxigène et azote), de la température extérieure plus basse que l'intérieure, de la fibre musculaire. 2

2° Extrémités nerveuses des capillaires pulmonaires sous l'impression permanente du sang veineux, moins positif que le sang artériel. 3

3° Extrémités nerveuses du cœur sous l'impression permanente de la fibre musculaire. 4

4° Extrémités nerveuses des capillaires hépatiques de la veine-porte immédiatement sous l'impression permanente du sang veineux, et médiatement sous celle des nerfs qui unissent le foie au tube digestif. 5

5° Extrémités nerveuses de l'estomac sous l'impression des acides sécrétés, du chyme, de la membrane musculaire, etc. 6

Lyon. — Impr. de Louis Perrin, rue d'Amboise, 6.

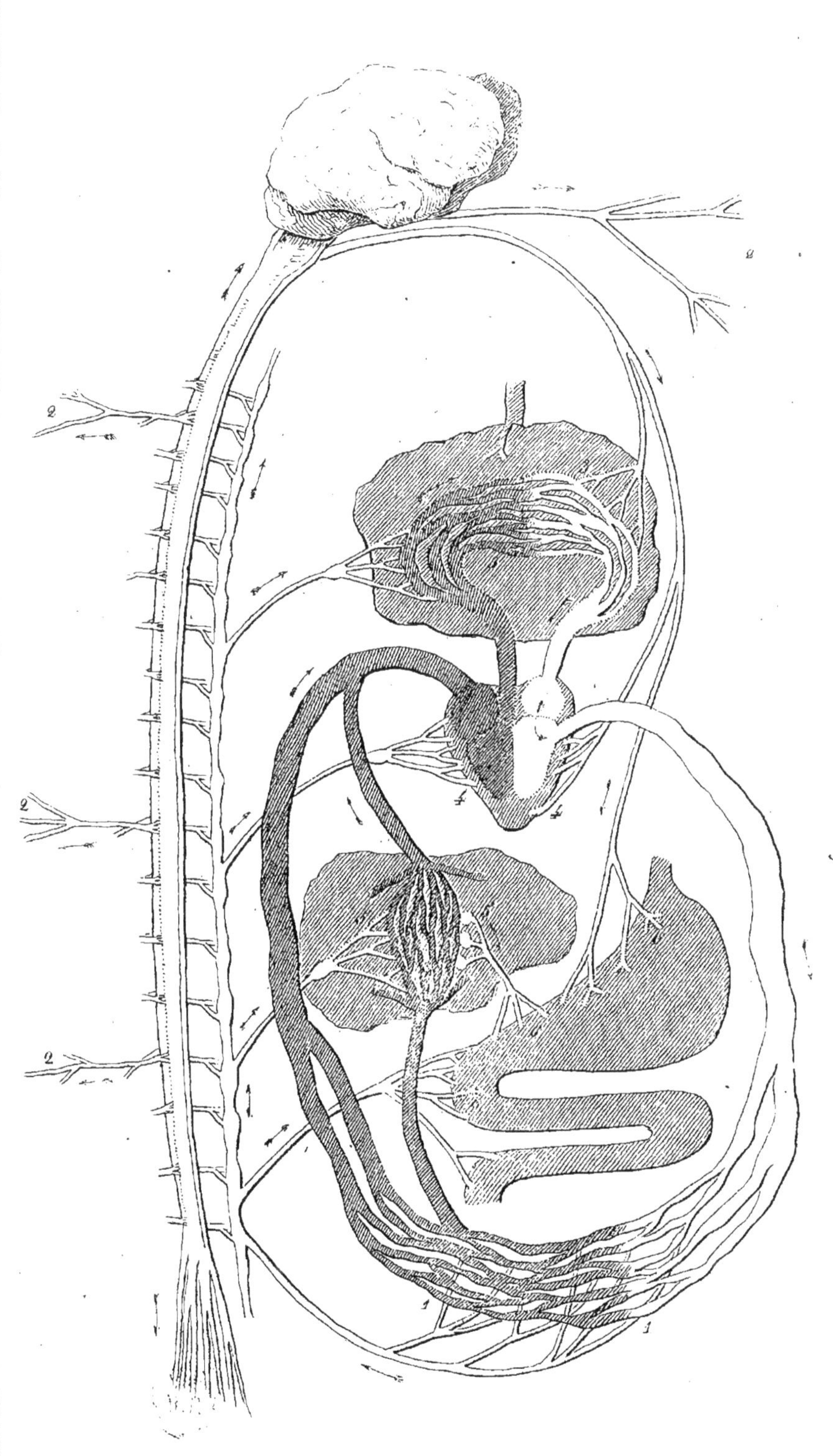

FIGURE THÉORIQUE DU MOUVEMENT VITAL

(Circulations sanguine et nerveuse)

capillaires de la veine-porte dans le foie; d'un autre côté, une autre partie du conducteur nerveux s'étend entre les capillaires de la veine-porte dans le foie et les parois de l'estomac et du duodénum. Il résulte de là que le sang de la veine-porte, comme sang veineux moins électro-positif, il est vrai, que le sang artériel, mais non pas électro-négatif d'une manière absolue, d'après les expériences de Vassali-Eandi et de Bellingeri, que le sang de la veine-porte, disons-nous, est sollicité par deux pôles de nom contraire, l'un positif émané de l'impression des capillaires généraux, l'autre négatif émané du tube digestif. L'effet de cette disposition doit être tel qu'un mouvement chimique s'opère dans le sang des capillaires hépatiques de la veine-porte, et que des éléments gras et alcalins tendent vers le pôle négatif, tandis que des éléments acides tendront vers le pôle positif. Eh bien ! les éléments gras et alcalins, sous forme de bile, rencontrent un canal qui, effectivement, les transporte en nature vers l'influence qui les attire ; tandis que les éléments acides, ne trouvant pas d'autre issue que la voie du torrent circulatoire, et attirés, du reste, par le pôle positif situé dans les capillaires du poumon, restent jusque-là dans le sang.

6me Loi physiologique.

(Innervation des grands appareils sécréteurs, autres que l'appareil biliaire).

On sait que, hormis celle de la bile, les grandes sécrétions de l'économie sont acides. Comment se fait-il qu'un corps électro-positif, tel que le sang, puisse perdre de ses éléments acides dans son trajet ? Certes, ce ne peut pas être parce que les nerfs préposés aux bouches sécrétantes seraient des pôles négatifs; car, dans ce cas, les éléments sécrétés seraient positifs et non pas négatifs, comme le sont les acides. On ne peut donc concevoir cette circonstance de sécrétion acide qu'avec celle d'orifices sécrétants à pôle positif, et alors ce procédé rentre tout-à-fait dans la loi commune qui a été posée.

Mais une objection peut se présenter ici : comment concevoir le pouvoir positif de la part de ces orifices sécrétants, si l'innervation ne leur est donnée que par l'influx positif provenant de l'impression générale du sang dans les capillaires, et si c'est le même sang qui est encore l'impressif des bouches sécrétantes? Où seront ici, pour faire développer un courant d'innervation, les deux impressifs de nom contraire? Ceci ne peut être conçu que de cette manière, du reste en concordance avec les faits : c'est qu'il s'exerce dans les actes de sécrétion des procédés d'affinité élective, puisque nous voyons, selon telle ou telle sécrétion, tel liquide spécial sécrété. Dès-lors on est forcé de supposer à ces nerfs une composition particulière, déterminant l'exercice d'affinités électives à l'égard de certains éléments du sang. Ces affinités, comme toutes les affinités électives, exaltent le pouvoir attractif commun à l'égard de certaines molécules des corps; de sorte que, par exemple, ici, elles font que le fluide positif émané de l'impression sanguine générale trouve exalté son pouvoir attractif à l'égard de certains acides du sang. Mais, dira-t-on alors, pourquoi des nerfs ici? La molécule attractive spéciale ne sera-t-elle pas suffisante pour attirer dans tous les cas? Non, et les corps qui lui sont continus sont là pour deux raisons : 1° pour s'opposer à sa neutralisation; 2° pour modérer ou activer son influence attractive, selon les besoins de l'économie, et par suite de l'exercice des sympathies.

7me Loi physiologique.

(Innervation de l'appareil de la vie de relation).

La plus grande partie du conducteur nerveux est comprise entre l'impression électro-positive du sang artériel dans tous les capillaires généraux, et , 1° la fibre musculaire (négative); 2° l'air atmosphérique (négatif par nature : oxigène et azote); 3° la température extérieure plus basse (moins positive) que celle du sang; 4° les impressifs (négatifs), membranes musculeuses , fibre musculaire du cœur, sang veineux du poumon , acides de l'estomac, etc., des appareils sur lesquels se porte le pneumo-gastrique. De plus, la substance grise ganglionnaire est comprise entre l'impression générale du sang artériel et la substance blanche cérébro-spinale (moins électro-positive). En conséquence de tout cela , le sang de tous les capillaires généraux tend normalement à lancer à travers l'appareil nerveux un influx électro-positif, quelquefois, sans doute, excitateur et agent de l'âme, 1° vers la substance blanche cérébro-spinale; 2° vers les muscles et vers certaines membranes musculeuses ; 3° vers l'atmosphère (expériences de Pfaff) (1); 4° vers les impressifs normaux du poumon ,

(1) Pfaff a reconnu que l'électricité qui devenait libre à la surface du corps, était en général positive. On conçoit cependant qu'elle puisse quelquefois se neutraliser ou même devenir négative en se

de l'estomac, etc.—A leur tour, et par la même voie, tous ces impressifs ont à influencer sympathiquement l'impression positive sanguine, en lui envoyant un fluide négatif excitateur.

8me Loi physiologique.

(Innervation des sympathies particulières).

Les impressions normales électro-négatives ne pouvant l'être toutes au même degré, exercent dès-lors des influences les unes sur les autres. Ainsi, chaque partie du conducteur nerveux comprise entre deux d'entre elles forme une pile à pôle négatif du côté de celle qui est relativement positive, à pôle positif du côté de celle qui est relativement négative. Les influences réciproques des divers organes devront être, dès-lors, d'autant plus vives que les polarités inverses de leurs divers impressifs seront plus tranchées. C'est ainsi, par exemple, que le peu de pouvoir négatif de l'air relativement aux influences acides de l'estomac, fera que la peau sera en grande sympathie avec cet organe, et qu'encore, lorsque cet air sera moins négatif que d'ordinaire, dans les temps chauds, par exemple, les sympathies des deux organes en question seront notablement plus actives.

9me Loi physiologique.

(Innervation intermittente).

Le fluide électro-positif émané de l'impression sanguine des capillaires généraux doit, par la continuité de

combinant avec celle qui résulte normalement de l'évaporation de la matière de la transpiration cutanée. Cette matière est, en effet, acide, et dès-lors emporte avec elle une certaine tension négative.

son courant, se mettre en tension sur certains points imparfaits conducteurs de l'appareil nerveux (substance grise des ganglions et de l'axe cérébro-spinal) (1). Quand cette tension existe, par influence de même nom et par le fait de la continuité nerveuse, elle nuit nécessairement à l'impression sanguine elle-même, dans tous les capillaires généraux d'où le fluide qui la forme émane, y compris ceux des parties nerveuses où elle s'est constituée. Alors il y a, certes, décharge progressive d'influx positif au-delà de la masse grise en tension ; mais, en deçà, entre cette masse et les capillaires généraux du reste de l'organisme, il y a ralentissement du courant pénétrant. Eh bien! en conséquence *nécessaire* de ce double fait, la tension en question doit diminuer, diminuer d'autant plus que, d'un côté, dans certaines circonstances, les impressifs négatifs peuvent se montrer plus actifs (influences nocturnes de froid, d'obscurité (2), etc.), et que, d'un autre côté, l'impression nutritive, une fois déprimée, exige toujours un certain temps pour réparer son activité, notamment à cause du retentissement de sa dépression sur les sympathies générales qui lui sont si utiles.

(1) Ce n'est pas seulement d'après l'analogie de ce qui a lieu pour la substance grise des ganglions, que je dis que la substance grise cérébro-spinale est un imparfait conducteur : on a une preuve directe de ce fait, dans la presque-insensibilité de la couche cérébrale corticale dans les cas de hernie cérébrale.

(2) La lumière exerce une influence désoxidante sur les végétaux, les acides, etc. : elle est donc électro-positive relativement à l'obscurité. J'ai donné d'autres preuves de ce fait dans la *Nouvelle Théorie de l'action nerveuse;* je reviendrai encore sur lui dans une prochaine publication.

Toutefois, à force de diminuer, les tensions centrales rappellent par degrés lents l'énergie première de la fonction nutritive générale; mais une fois celle-ci rappelée, de nouvelles tensions s'effectuent dans les points imparfaits conducteurs avec leurs conséquences dépressives sur les impressions sanguines générales, et ainsi de suite.

Telle est la modalité de l'intermittence vitale, intermittence manifestée, en effet, par un exercice plus actif des phénomènes nutritifs, le soir et pendant la première moitié de la nuit, et par la présence, pendant le sommeil, d'une plus grande quantité de sang dans l'axe cérébro-spinal.

C'est la modalité de cette intermittence qui fonde l'intermittence animale (sommeil et veille), si le fluide électro-positif, en partie introduit dans l'axe cérébro-spinal par les anastomoses spinales-ganglionnaires, et en partie émanant des actes nutritifs propres de cet axe, est, à un certain degré de tension ou d'accumulation, l'excitant et puis le moyen d'action du *principe animal* qui siége dans cette partie de l'organisme (1).

Maintenant, si, pendant le jour, l'action nutritive générale n'est pas excessivement déprimée, c'est que l'axe cérébro-spinal en tension positive suscite du côté des poumons, du cœur, du tube digestif, etc., l'influence du pneumo-gastrique, dont l'exercice sympathique, de même nature électrique que celui qui provient des nerfs de la vie de nutrition, c'est-à-dire électro-positif, supplée à celui-ci, met en jeu l'exercice fonctionnel de ces organes, qui lui répondent d'autant mieux qu'ils sont

____

(1) *Nouvelle Théorie de l'action nerveuse*, chap. VI, chap. XV.

sympathiquement moins influencés par l'impression sanguine générale, et fait par là qu'ils entretiennent, un peu sympathiquement, et beaucoup par les modifications de qualité et d'impulsion qu'ils impriment au sang, l'acte nutritif général tendant à la dépression, d'après la tension positive centrale dont il a été question.

On voit par là que, pendant le jour, l'axe cérébro-spinal est volontairement ou involontairement l'irradiateur principal du fluide vital qu'il tient en dépôt après l'avoir reçu de l'impression sanguine générale, et que, pendant la nuit, l'impression sanguine générale prend une voie plus courte d'irradiation, celle plutôt de l'appareil nerveux ganglionnaire.

Dans le *premier cas*, l'influx en question a à parcourir un grand cercle : parti de l'impression sanguine, il pénètre dans l'appareil ganglionnaire, de là dans l'appareil céphalo-rachidien, et, si alors une partie se dissipe, une autre partie du moins va, par le pneumo-gastrique, influencer les organes servant à la formation et à l'impulsion du sang ; mais là tout est si bien combiné qu'il s'en jette une grande partie dans le sang lui-même, soit indirectement par la voie du chyme et du chyle, soit directement dans le poumon, et qu'ainsi de l'influx revient au point de départ, aux capillaires généraux qu'il impressionne et pénètre de nouveau.

Dans le *second cas*, le cercle n'est pas aussi étendu, mais il est tout aussi complet (1).

(1) Hippocrate définissait la vie par un cercle : je viens de le tracer.

10me Loi physiologique,

(Innervation spéciale).

Si l'électricité est un type de force attractive *commun*, *général*, au sein de la matière, il se présente toutefois souvent pour l'accompagner et pour concourir avec elle, *jamais* sans elle, aux phénomènes d'attraction, des types spéciaux d'attraction, notamment ceux d'affinité élective.

La même circonstance ne peut que s'offrir dans la *matière* vivante dont les proportions atomiques et dont les impressifs sont très variés, et dès-lors l'innervation, c'est-à-dire l'attraction par l'intermédiaire des nerfs, ne peut ne pas être souvent particularisée, comme l'est, par exemple, l'électricité du verre lançant des étincelles, relativement à celle du zinc qui n'en lance pas.

Ces particularités attractives ont à fonder les variétés d'impressions et par conséquent de sensations, et les variétés d'absorption, de composition, de décomposition, de sécrétions, de propagation, de maladies, etc., etc.; mais, il faut le répéter, quelle que soit dans ces divers cas la spécialité élective, *toujours* le fluide attirant et attiré est positif ou négatif relativement au fluide attiré et attirant; et dès-lors le cachet d'électricité reste inhérent au procédé attractif, et se poursuit dans le conducteur qu'il influence, tout en y respectant la prédilection attractive, qui provient de la force spéciale qui lui a été surajoutée.

Tout ceci doit être ainsi, vu que l'électricité est partout présente, comme il a été reconnu en physique et en électro-chimie, par conséquent est partout active comme puissance attractive; sauf à être quelquefois surexcitée,

en faveur de certains corps en présence, d'après la par-
ticularité de leur nature.

Qu'il soit noté, toutefois, que son exaltation moléculaire pourra ne pas avoir pour résultat l'exaltation nerveuse dans tous les cas de spécialité : il peut, au contraire, en résulter quelquefois une dépression d'innervation. Il suffit, pour cela, que le courant résultant de l'attraction spéciale marche en sens inverse du courant
normal. Ainsi, tel corps spécial dans le sang, un acide,
par exemple, nuira au développement de l'impression
sanguine et du courant qui en résulte, s'il attire à lui telle
ou telle molécule positive du sang dont le fluide était
attiré, à travers l'appareil nerveux, par les autres impressions normales négatives.

Nous terminons l'exposé des lois synthétiques qui
concernent les phénomènes les plus importants de la
vie normale. Portant notre examen sur la matière vivante, nous avons cru qu'elle n'avait pas perdu dans
cet état la condition donnée par le Créateur à toute matière, celle d'attirer et d'être attirée. Nous eussions, d'ailleurs, d'après les faits, non-seulement commis une hypothèse injustifiable, mais encore une erreur, si nous
avions pensé le contraire : nous nous sommes dès-lors
fondé sur des conditions qu'elle ne pouvait ne pas offrir, pour lui reconnaître des mouvements qu'avec ces
conditions elle ne pouvait ne pas exécuter : notre base
était donc la seule solide, la seule non hypothétique.

Regardant au-dessus de nous et puis autour de nous,
nous y avons vu que le mouvement matériel y provenait

d'une seule force de l'attraction (à types communs ou spéciaux); l'attraction devait donc, comme dans les systèmes cosmique et terrestre, avoir une grande part d'influence dans le système vital. Il s'agissait de l'y reconnaître dans son développement et dans son mécanisme général ou spécial.

Ce qui fait qu'il y a mouvement moléculaire dans un corps inerte, c'est l'influence impressive d'un autre corps dans lui ou hors de lui. Alors toute impression avait à produire un mouvement moléculaire quelconque dans la matière vivante. Mais les corps, quand ils s'impressionnent, sont toujours, l'un électro-positif, l'autre électro-négatif. Quelle que soit la spécialité attractive concomitante de l'électricité, l'électricité, type commun d'attraction, devait donc être pour quelque chose dans les mouvements vitaux, comme aussi toute autre force attractive spéciale venant à l'accompagner.

Eh bien! il s'est trouvé précisément, par les études analytiques que nous avons faites, d'un côté, que le sang artériel était électro-positif par température, par nature et par tension, et d'un autre côté, que les autres agents impressifs permanents de l'économie étaient à peu près tous négatifs. Il s'est trouvé encore que l'appareil nerveux était un conducteur continu, soumis à ces divers impressifs, dans des points d'impression particuliers à chacun d'eux. Alors un trait de lumière a dû jaillir de cette triple considération, et donner le jour à cette large synthèse :

L'ORGANISME VIVANT EST UN SYSTÈME PHYSIOLOGIQUEMENT SEMBLABLE AU SYSTÈME UNIVERSEL.

Lu à la Société médicale d'Émulation de Lyon, le 4 mars 1845.

LOIS SYNTHÉTIQUES

DES

MOUVEMENTS MORBIDES,

Par F.-Aug. DURAND

(DE LUNEL),

Docteur-Médecin des Hôpitaux militaires.

Mars 1845.

En nous fondant sur les seules lois de l'attraction, nous avons exposé un premier décalogue synthétique du mouvement vital : il répond, ce nous semble, à l'immense majorité des phénomènes de physiologie normale. Une seconde série de lois, réunies en un autre décalogue et renfermant la plupart des faits morbides de quelque importance, va encore rallier à la grande formule de l'attraction à peu près tout le mouvement pathologique.

1re Loi pathologique (générale).

La maladie vient de l'excès, du défaut ou de la perversion des procédés attractifs normaux exercés à travers l'appareil nerveux général entre l'impression sanguine électro-positive et les autres impressions permanentes qui sont relativement à elle électro-négatives, et exercés entre ces dernières impressions qui sont plus ou moins négatives les unes par rapport aux autres.

2ᵐᵉ Loi pathologique.

(Innervation morbide par l'excès).

L'excès des procédés attractifs nerveux peut provenir :

1° De l'exagération de la qualité positive dans le fluide qui parcourt les capillaires généraux (polyémie, sthénoémie (1), corps dans le sang agissant comme lui, ou faisant exalter sa faculté positive, dits stimulants, etc.) ;

2° De l'exagération de la qualité négative d'un ou de plusieurs impressifs négatifs normaux (air périphérique plus froid, plus sec, plus concentré, plus agité , hématose trop vive, exercices musculaires violents ou prolongés, etc., etc.) ;

3° De l'exagération simultanée des deux genres d'impressifs de nom contraire ;

4° De l'excès de conductibilité des conducteurs nerveux (vive impressionnabilité) ;

5° De fortes décharges , par contractions ou par impressions , de la tension cérébro-spinale.

---

(1) J'entends par sthénoémie l'excès du pouvoir excitateur ou électro-positif, *propre* au sang. Il est clair que cet excès est la conséquence d'un excès d'hématose. L'asthénoémie sera le défaut de ce pouvoir. Il ne faut pas les confondre avec l'excès ou le défaut provenant de l'addition au sang d'un corps nouveau positif, ou négatif.

3me Loi pathologique.

Les effets locaux de l'excès sont et doivent être, d'après les lois de l'électricité, selon les degrés :

1° Relativement aux *conducteurs*, leur excès d'échauffement (Peltier, Watson, de Larive), leur excès de dilatation et, du côté de l'impression sanguine surtout, leur excès de décomposition : de là, chaleur, puis douleur par compression ou par altération de la pulpe ;

2° Relativement aux *capillaires généraux*, d'abord un spasme momentané (Hastings , Koch , M. Gendrin, etc.) qui s'explique par la cohésion, la contraction plus forte de leurs molécules à la suite de l'augmentation de leurs polarités respectives et à la suite de l'attraction plus active , mais encore assez modérée, exercée entre elles et le sang ; mais puis, par l'effet de la persistance et de l'exagération des courants électriques échauffants, dilatants, etc., l'excessive dilatation de ces molécules, leur échauffement, leur vive décomposition, leur altération, leur inaptitude à être réparées, enfin leur séparation des tissus ;

3° Relativement au *sang*, d'abord son afflux considérable coïncidant avec l'excès de contractilité des capillaires et résultant de la vivacité du conflit attractif; mais bientôt sa stase dans les tissus dilatés (Hastings, Koch, etc.), son accumulation, sa coloration noire (combinaison avec l'acide carbonique des tissus se décomposant); puis enfin, sa décoloration (dissolution de l'hématosine au pôle négatif) : alors, bien entendu, son inaptitude à réparer, par suite de la dissociation anticipée et trop rapide de ses éléments excitateurs et réparateurs, parmi lesquels sans doute le principal élément réparateur, la fibrine, s'altère sous forme de globules de pus (irritation, inflammation, suppuration, etc.).

4ᵐᵉ Loi pathologique.

(Effets généraux de l'excès d'innervation).

Les effets généraux de l'excès des mouvements attractifs, en partant de l'impression sanguine, sont :

1° Le réveil des sympathies générales et particulières (cœur, poumon, appareil digestif, etc.), autrement dit, le résultat de l'influence plus active de l'impression sanguine générale, devenue plus positive, sur les impressions fontionnelles négatives qu'elle est normalement appelée à exciter (fièvre commençante) ;

2° La réaction des organes sympathisants, lesquels, d'un côté, par réciprocité de leur influence négative, et d'un autre côté, par l'excès de modification soit chimique, soit électro-positive, soit impulsive, qu'ils impriment au sang, entretiennent l'exagération de l'impression sanguine qui a suscité leurs sympathies et qui, de nouveau, les suscite avec une plus vive intensité (fièvre déclarée);

3° Par ces oscillations excitatrices de leurs propres causes, et même alors que la cause première de l'excès peut avoir cessé d'agir, la progression et la prolongation du mouvement attractif exagéré (fièvre continue);

4° La révulsion exercée par rapport aux organes où l'excès d'impression sanguine n'a pas lieu, et alors l'état asthénique de ces organes, état asthénique qui, quelquefois, surtout au début de la maladie, doit donner lieu à une sensation de froid, et qui, en tout cas, doit contribuer tôt ou tard à réprimer l'exercice des sympathies;

5° L'exagération de la tension électro-positive dans les centres nerveux et notamment dans le centre cérébro-spinal ; par là : *a*, l'exagération des actes fonctionnels particuliers de cet axe et des nerfs qui en émanent (agitation, insomnie); *b*, toutefois, la répression, surtout pendant le jour,de leurs actes nutritifs propres, et, d'après la même influence positive, celle des actes nutritifs morbides des capillaires généraux (diminution diurne de l'état fébrile) ; *c*, la recrudescence de ces derniers actes, le soir et pendant la première moitié de la nuit, c'est-à-dire, au *minimum* de la tension centrale; *d*, enfin, dès que l'état fébrile commence à tomber, le collapsus nerveux, c'est-à-dire, l'incapacité de fonction du centre général, par suite de la diminution exagérée de ses actes nutritifs propres ;

6° La répression progressive de l'excès des actes nutritifs généraux, et par conséquent des attractions nerveuses, par l'usure des éléments excitants sanguins (diminution des globules), par le bénéfice des sécrétions dépuratoires directement ou sympathiquement excitées, par l'influence dépressive des organes révulsivement asthénisés sur les sympathies diverses qui avaient été réveillées, par l'influence enfin du collapsus du système nerveux lui-même, dont le grand centre mal nourri n'exerce plus d'action sympathique suffisante par la voie du pneumo-gastrique ou de tout autre nerf ;

7° Une certaine altération du sang, d'après les analyses de MM. Andral et Gavarret et de MM. Rodier et A. Becquerel, qu'il faut interpréter ainsi : *a*, dans l'*inflammation aiguë*, un excès de fibrine (MM. Andral et

Gavarret), ce qui s'explique et par la concrétion trop considérable de l'albumine dans les capillaires pulmonaires (pôle positif) et par la dissolution trop abondante de l'hématosine dans les capillaires généraux enflammés (pôle négatif); dès-lors diminution, à peu près proportionnelle à l'excès de fibrine, de l'albumine (MM. Rodier et A. Becquerel) et des globules (MM. Andral et Gavarret) ; *b*, dans *l'inflammation chronique*, léger excès de fibrine, mais seulement proportionnel à l'état fébrile et à la vivacité de l'inflammation (MM. Andral et Gavarret) ; *c*, dans l'état de *pyrexie simple* (fièvre inflammatoire, début des fièvres graves), excès de fibrine; mais cette fois, vu l'absence d'un travail aussi dissociateur que celui de l'inflammation , recouverte d'hématosine (excès de globules rouges), diminution de l'albumine ; *d*, dans l'*état* de *pyrexie grave* (fièvre typhoïde déclarée), diminution absolue des trois principes immédiats en question, mais toujours relativement à l'albumine, excès de fibrine encore ici associée à l'hématosine, et par ceci excès relatif des globules (MM. Andral et Gavarret, Rodier et A. Becquerel), ce qui s'explique toujours par l'absence d'un travail inflammatoire trop dissociateur (1).

(1) D'après ce que l'on vient de voir, la diversité des altérations du sang, dans les cas de phlegmasies et de pyrexies, ne tend pas à faire considérer, comme on l'a fait, ces deux procédés morbides comme différents par essence, mais bien à les faire considérer , d'après l'identité des deux résultats, excès de fibrine et diminution d'albumine, comme des effets d'un même procédé attractif moléculaire, la stimulation , qui est seulement variable dans ses degrés, et qui par là rend la fibrine excédante plus ou moins liée à l'hématosine. La *pyrexie* est une stimulation *disséminée*, dès-lors

5me Loi pathologique.

(Effets de l'excès local lié à l'excès général, ou état inflammatoire aigu et formations qui en dépendent).

Trois conditions sont liées à la modalité de l'inflammation aiguë : 1° elle réveille fortement les sympathies;

partout révulsive d'elle-même, légère et peu altérante pour les divers points qu'elle intéresse; au contraire, la *phlegmasie* est une stimulation *concentrée*, dès-lors grave et altérante pour le seul point intéressé. Il peut bien, dans les divers cas, se surajouter aux impressions attractives normales, les impressions attractives spéciales, mais elles ne changent rien au procédé attractif qui est *un* dans toutes les circonstances, et dont l'excès dans les vaisseaux y fonde la stimulation.

D'après cela, voici les définitions de l'inflammation (aiguë) et de la fièvre : *L'inflammation* (aiguë) *est un procédé morbide résultant de l'exagération, en un point de l'économie, du conflit impressif, nécessairement électrique, qui a normalement lieu entre la colonne sanguine et les tissus des capillaires généraux, procédé tendant à l'altération matérielle des deux agents impressifs, et se caractérisant : 1° localement, par la rougeur, la tuméfaction, la chaleur, la douleur et la friabilité des tissus, et plus tard par d'autres altérations anatomiques variables ; 2° généralement, par l'excès de la quantité de fibrine libre dans le sang, relativement à la quantité des globules et de l'albumine, l'augmentation de la température, l'accélération de la circulation, et, à ce degré, un trouble fonctionnel général.*

La fièvre est un procédé morbide résultant de l'exagération, dans la généralité de l'économie, du conflit impressif, nécessairement électrique, qui a normalement lieu entre la colonne sanguine et les tissus des capillaires généraux, et se caractérisant par l'augmentation dans le sang des globules relativement à la fibrine libre et à l'albumine, l'augmentation de la calorification, l'accélération de la circulation, et un trouble des autres fonctions.

2° elle provoque un excès de fibrine dans le sang ; 3° elle répare assez vite ses désordres matériels. Eh bien ! ces trois conditions sont elles-mêmes liées entre elles d'une manière indissoluble et dépendent d'un état normal antérieur du sang, lequel dépend lui-même de l'état tonique de tous les appareils. 1° Pour que les désordres matériels résultant de l'inflammation puissent être promptement réparés, il faut qu'il se forme alors dans le sang un excès de l'élément réparateur de la plupart des tissus, un excès de fibrine. 2° Pour qu'il puisse se former dans le sang un excès de fibrine, il faut que l'albumine qui se concrète dans les poumons (un des pôles positifs de la pile organique) y trouve toutes les conditions de devenir, altérée ou non, une quantité assez grande de fibrine. 3° Pour que le poumon agisse bien comme pôle positif et fasse dès-lors concréter assez d'albumine, il faut que les capillaires généraux agissent bien comme pôle négatif, autrement dit, que l'impression positive du sang rouge soit convenablement exécutée, et que, dans le cas où une inflammation se forme quelque part, inflammation tendant à exalter par sympathie le pôle positif pulmonaire, il y ait un concours de toutes les parties et de toutes les fonctions de l'organisme vers ce résultat, qui n'est autre que la condition d'un excès d'hématose. 4° Eh bien ! ce concours aura lieu, si le sang veineux et le chyle sont de bonne nature, si l'air respiré est pur, si les appareils digestifs et respiratoires sont sains, et, enfin, s'il existe un état de l'organisme tellement tonique qu'étant donnée une inflammation, le sang soit assez bien sollicité dans tous les capillaires pour qu'il ne se porte pas en masse vers le point enflammé qui l'attire, ce qui plongerait dans l'asthénie les points éloignés de celui-ci, et ferait déprimer facilement leurs influences sympathiques sur le poumon, l'appareil digestif, etc.

Telles sont les conditions d'après lesquelles l'inflammation sera franchement aiguë, et d'après lesquelles ses désordres seront en général aisément réparables, réparables par l'excès même de fibrine qu'elle produit. Hors de là, comme on le verra plus tard, elle prendra les caractères de la chronicité.

On devra comprendre dans l'état aigu certaines inflammations durables, qu'à tort on a appelées chroniques : il s'agit de ces inflammations qui, se développant chez un individu du reste tonique, y sont entretenues par une cause stimulante légère, mais incessante.

L'inflammation dont les désordres primitifs de décomposition sont naturellement l'usure, la friabilité, la solution de continuité des tissus et l'altération suppurative, présente encore d'autres résultats, dits consécutifs, qui sont variables d'après certaines circonstances. Eh bien ! il faut établir qu'avec l'état aigu ces résultats ont, comme du reste les produits primitifs, un cachet particulier que paraît précisément déterminer la circonstance de l'excès de fibrine dans le sang.

Ainsi, par l'excès de fibrine, d'un côté, les suppurations seront louables, les ramollissements et les solutions de continuité feront suinter une lymphe visqueuse et coagulable, les liquides épanchés dans certaines cavités se chargeront de flocons organisables, etc., etc.; et, d'un autre côté, se formeront, en général, les granulations, les pseudo-membranes fortes et épaisses, les adhérences, les hypertrophies, les végétations de formes diverses, les transformations supérieures, les cicatrices, les indurations fibrineuses (lardacées), et enfin divers produits organisables spéciaux, tels que le squirrhe, la matière encéphaloïde, le cancer, les kystes, les hydatides, etc., etc.

Quelques-uns de ces produits paraissent se former dans les inflammations dites chroniques, dont il a été question ; mais on sent que si l'inflammation aiguë consiste dans celle qui peut provoquer un excès de fibrine dans le sang (MM. Andral et Gavarret, Monneret et Fleury), c'est-à-dire dans l'inflammation franche chez un individu tonique du reste, on ne peut pas appeler chroniques des inflammations qui, il faut le répéter, ne sont durables et peu sympathisantes que parce qu'elles sont entretenues par une cause légère, mais incessante de stimulation. Or, ce sont le plus souvent celles-là qui provoquent la formation de plusieurs produits dont il a été question (indurations, végétations, squirrhe, cancer, etc.), lesquels deviennent quelquefois eux-mêmes des causes stimulantes incessantes. C'est à ces inflammations , ainsi bien caractérisées, que l'on doit donner le nom de sub²aiguës.

6me Loi pathologique.

(Innervation morbide par le défaut).

Le défaut des procédés attractifs normaux (asthénie) provient :

1° De la diminution de la qualité positive dans le fluide qui parcourt les capillaires généraux (anémie , asthénoémie, acides ou autres corps dans le sang, nuisant à la qualité positive excitatrice, etc.);

2° De la diminution de la qualité négative des impressifs négatifs normaux (air périphérique chaud , humide , rare (1), défaut d'hématose, etc. , etc.) ;

3° De la diminuation simultanée de la qualité positive propre au sang, et de la qualité négative propre aux autres impressifs normaux ;

4° Du défaut de conductibilité des nerfs (impressionnabilité obtuse, ligatures, compressions, etc.) ;

5° D'un défaut de décharge de la tension cérébro-spinale.

2ᵐᵉ Loi pathologique.

(Effets locaux du défaut d'innervation).

Les effets locaux du défaut des procédés attractifs normaux sont, d'après les lois de l'électricité :

1° Dans les *conducteurs,* la diminution de chaleur, un léger retrait de la pulpe ;

2° Dans les *tissus des capillaires,* d'abord le refroidissement, et par celui-ci l'excès de la cohésion moléculaire ; puis, le défaut de l'exercice de composition et

---

(1) Citons un fait bien concluant sur l'influence de l'impression périphérique de l'air. M. Fourcault et M. Magendie, recouvrant certains animaux d'enduits imperméables, ont toujours vu , après fort peu de temps , la chaleur animale diminuer, chez eux, d'une manière notable, au point de descendre de 36° à 20°. Je sais qu'on a attribué le phénomène produit à l'obstacle porté à l'exercice de la transpiration , mais dans quel autre cas a-t-on vu l'excès ou l'arrêt de transpiration faire augmenter ou diminuer la calorification ? Au contraire , l'excès de transpiration est toujours une cause de détente (diaphorétiques, troisième stade d'un accès) ; quant à l'arrêt, ne lui a-t-on pas souvent attribué le développement de phlegmasies internes et de fièvres ?

de celui de décomposition, pourtant avec prédominance de ce dernier, vers lequel tendent naturellement les tissus indépendamment de toute action vitale, et qui peut, du reste, être activé par le calorique et l'oxigène qu'apporte la masse du sang; enfin, alors, la diminution de la cohésion et de la contractilité moléculaires (flaccidité des tissus), la diminution du poids et du volume, et la diminution de la faculté de produire du calorique, faculté qui dépend, comme on le sait, des exercices végétatifs;

3° Dans *le sang*, le ralentissement de l'afflux, la tendance à la stase, l'inaptitude à exciter et à réparer.

8me Loi pathologique.

(Effets généraux du défaut d'innervation).

Les effets généraux du défaut des procédés attractifs sont, en prenant pour point de départ la dépression de l'impression sanguine générale :

1° La dépression immédiate des sympathies par l'appareil nerveux ganglionnaire;

2° S'il se présente en un point une cause d'excitation sanguine, la congestion rapide et énorme en lui, vu le défaut, partout ailleurs, de sollicitation attractive à l'égard du sang; et alors un refroidissement général violent (accès de fièvre commençant);

3° Les tensions positives moins fortes des centres nerveux, et notamment de l'axe cérébro-spinal : dès-lors, *a*, la tendance de cet axe au repos fonctionnel (fréquence de sommeil, par exemple, dans les temps chauds); *b*, l'activité plus vive de sa nutrition propre et de la nutrition des nerfs qui en émanent (source de névroses et de névralgies); *c*, sa prédominance sur l'appareil de la vie nutritive générale ; *d*, mais dans les moments de sa tension positive diurne, moments où , par influence de même nom, il déprime encore davantage l'impression positive sanguine dans les capillaires généraux , où il la déprime en lui-même et où il contribue ainsi à provoquer des refroidissements violents , dans ces moments, disons-nous, une réaction vive de sa part par la voie du pneumo-gastrique, qui alors est seul sollicité par les impressions négatives des appareils sympathisants; pendant que le principe animal , qui réside dans l'axe, dirige lui-même de grands efforts de volition vers les muscles respiratoires (accès de fièvre apparaissant presque toujours dans la période diurne : MM. Faure , Maillot , Antonini, Monard frères , et Finot) (1);

4° Par l'effet de la réaction cérébro-spirale , le retour momentané de la tonicité dans l'impression sanguine générale (apyrexie); mais au retour de la tension centrale, et au retour des causes externes (influences moins négatives que les influences normales : chaleur , lumière, etc.), aggravantes pour elle et déprimantes pour l'impression nutritive générale, le retour de l'accès (fièvre quotidienne), mais quelquefois retour retardé d'un ou de deux jours (fièvre tierce, quarte), si la tonicité par réaction a été assez bien rétablie, soit parce que

____

(1) Ainsi, comme il a été déjà dit dans la *Nouvelle Théorie de l'action nerveuse*, l'essence de la fièvre d'accès réside dans un double élément : *la sédation dans l'appareil nerveux ganglionnaire , l'excitation dans l'appareil nerveux cérébro-spinal.*

l'état général de l'individu n'était pas très asthénique avant l'invasion, soit parce que la réaction de l'accès précédent a été des plus violentes, celle, par exemple, d'un accès pernicieux ;

5° Si la cause asthénisante est faible et agit de longue main, et si elle n'est pas soumise à des intermittences vives et brusques, l'asthénie ne se caractérisant que par la dépression habituelle des actes nutritifs et une faiblesse générale, toutefois avec les signes d'une hypersthénie de l'appareil cérébro-spinal (état nerveux, névralgies, surtout s'aggravant la nuit (1), disposition à la céphalite, etc.) (2) ;

(1) On voit que je considère la névralgie comme le résultat d'une irritation sanguine. A cela l'on objectera que la rougeur et la tuméfaction n'apparaissent pas dans tous les cas de névralgie ; mais je répondrai à ceci que s'il y a deux éléments dans l'impression sanguine, l'excitement par le sang, l'excitabilité par les nerfs, deux éléments que j'ai fait voir n'être autre chose que deux influences électriques en conflit, l'une positive et l'autre négative, il ne sera pas toujours nécessaire d'une forte capacité matérielle de l'une pour que le conflit exagéré ait lieu, pourvu que l'autre soit devenue plus active par une cause quelconque. Dès-lors, qu'il y ait peu de sang dans un tissu et une excessive excitabilité nerveuse, l'irritation pourra avoir lieu: cela se présentera notamment dans les cas de névralgies, où le sang n'est pas toujours riche en globules (anémie, chlorose, etc.) et où, de plus, le tissu qui est atteint n'est pas de sa nature très perméable au sang. Ainsi, la rougeur et la tuméfaction peuvent manquer dans l'irritation, je dirai même dans une inflammation aiguë : un globule, un seul globule peut irriter, et il suffit pour cela qu'il arrive plus positif que d'ordinaire dans un vaisseau capillaire, ou qu'arrivé normal sa qualité positive s'exalte au contact de tissus accidentellement plus négatifs.

(2) Telle est en ceci l'asthénie que l'on pourrait appeler chro-

6° Certaine altération du sang, consistant (cas d'anémie, de chlorose, de fièvres rebelles, de flux chroniques, de convalescence, etc., etc.; et en déduction des
analyses de MM. Rodier et A. Becquerel), *a*, dans l'excès d'eau relativement aux principes immédiats; *b*, dans
l'excès relatif de l'albumine sur la fibrine libre ou liée
à l'hématosine; *c*, dans l'excès relatif de la fibrine sur
l'hématosine; en un mot, dans les conséquences d'un
défaut d'hématose, lui-même déterminé par la détresse
de la pile organique.

9me Loi pathologique.

(Effets de l'excès local lié au défaut général, ou état inflammatoire chronique
et formations qui en dépendent).

Que l'hématose soit incomplète par un mode quelconque (mauvaise nourriture, affection chronique du
tube digestif, défaut ou impureté de l'air respiré, affection chronique de l'appareil respiratoire, étroitesse du
thorax, épanchement pleurétique, etc., etc.), il y aura
excès d'eau dans le sang; quantité insuffisante d'albumine; faible polarité des agents impressifs normaux
de nom contraire, et, par là, absence de sympathies,
difficulté de la transformation de l'albumine en fibrine,
et diminution des globules; enfin, par une cause d'inflammation quelque part, inflammation chronique,
c'est-à-dire inflammation incapable de réveiller des sympathies au sein d'une constitution en général asthéni-
sée, où elles n'existent qu'à peine et où elles vont

nique, celle qui provoque l'accès de fièvre méritant peut-être le
nom d'aiguë.

encore diminuer par le fait de la révulsion énorme, asthénisante, et inflammation incapable de suffire à la
réparation de ses désordres matériels, faute de cette
fibrine qui est surtout le produit des sympathies mises
en jeu dans le poumon.

Certes, vers le début, il y aura souvent réaction par
l'appareil cérébro-spinal; mais ne survenant précisément
que comme un résultat du silence des sympathies dans
l'appareil nerveux ganglionnaire, silence bien souvent
caractérisé par un refroidissement des plus violents,
elle ne sera tout au plus qu'un palliatif momentané d'un
désordre antérieur de l'acte sympathique d'hématose
qui, en somme, tendra à la dépression.

On a vu plus haut quelle influence pouvait exercer
l'excès de fibrine dans la réparation des désordres matériels de l'inflammation aiguë, ainsi que dans la déter-
mination des *produits outrés* de cette réparation. Eh
bien! l'inverse a lieu dans les conséquences de la chronicité. On y observera, en général, des produits de
suppuration mal liés, le ramollissement aqueux et bla-
fard, l'ulcération, l'œdème local chronique, l'hydropisie
dite passive, l'atrophie, les transformations inférieures,
et enfin les indurations albumineuses non organisables,
telles que le tubercule, la mélanose, la matière colloïde, etc., etc.

10me Loi pathologique.

(Innervation morbide par spécialité des procédés attractifs).

Si, comme il est prouvé par la manière différente
dont se comportent, dans les conducteurs, les électricités du verre, du zinc, magnétique, etc., un conduc-

leur conserve dans son trajet la spécialité de l'électricité impressive, il est clair que le mouvement nerveux provenant d'un contact électrique spécial morbide est lui-même spécial. L'oscillation nerveuse intéresse, en effet, alors, certaines molécules des nerfs plutôt que d'autres, intéresse celles avec lesquelles le corps impressif attractif a le plus d'affinité; et il résulte évidemment de là une condition particulière dans les effets fonctionnels de ces nerfs (spécialité selon les divers virus, venins, poisons , médicaments, etc.).

Quelquefois l'impressif anormal spécial s'applique, dans l'état morbide qu'il détermine, à détruire certaines molécules nerveuses de l'organisme ; et puis, si plus tard ce même impressif se représente, il ne sait plus produire la maladie qu'il avait autrefois provoquée (variole, rougeole, etc.).

D'autres fois l'impressif anormal spécial détruit la molécule organique à laquelle se serait attaqué un autre impressif spécial ; et quand ce dernier se présente, ne rencontrant pas la molécule en question, il reste encore sans effet (vaccin à l'égard de la variole).

Dans ces divers cas il y a affinité élective, et par conséquent courants attractifs plus forts à l'égard des molécules anormalement attirées, qu'à l'égard des autres qui, du reste, ne cessent par de l'être par leurs impressifs ordinaires: il y a donc, en définitive, excitation.

Pourtant, dans d'autres cas, il peut ne pas résulter de l'impression spéciale un excès d'innervation, une excitation. Certes, l'innervation sera plus vive si le courant spécial se dirige dans le sens du courant normal, c'est-à-dire à travers les nerfs, des capillaires généraux aux appareils particuliers ; mais il n'en sera pas de même quand le courant spécial se dirigera en sens inverse du courant normal, par exemple, lorsque l'impressif spécial placé dans le sang sera négatif (acides, acide hydrocianique ou autre sédatif), et dès-lors mettra jusqu'à un certain point obstacle à l'impression positive du sang, en faisant combiner son électricité avec celle de ce liquide. En pareil cas, le résultat sera asthénique.

On voit, d'après tout cela, qu'il ne saurait y avoir effet quelconque d'affinité élective, c'est-à-dire effet spécial d'attraction, sans que les courants normaux soient hâtés ou ralentis, c'est-à-dire sans une certaine excitation ou une certaine sédation primitives. Mais il n'y aura en ceci de valeur morbide que lorsque les courants seront fortement hâtés ou ralentis, et qu'alors ils seront dans le cas d'altérer l'intégrité des tissus ou du sang, ou de troubler l'exercice des fonctions.

Toutefois, il faut s'expliquer sur un point. Il existe des produits spéciaux, dits morbides, qui paraissent surtout pouvoir se former, dans les tissus, sans mouvements d'innervation hâtés ou ralentis; ce sont les produits qui ne paraissent formés que par des *dépôts* passifs de matière à la suite de l'altération des fluides : tels sont les dépôts de matières tuberculeuse, mélanique, colloïde, saline, etc. Ici, il ne paraît pas y avoir excitation ou sédation dans le simple fait du dépôt : aussi n'y a-t-il pas, dans ce seul fait, maladie; mais, à tout bien considérer, il ne peut pas se faire que la cause première, l'altération du fluide qui a formé le dépôt, n'ait été le résultat d'un vice d'hématose, c'est-à-dire de l'introduction ou de la formation dans le sang d'un agent spécial anormal ayant, par sa seule formation ou sa seule présence, augmenté ou diminué le degré nor-

19

nial ou tonique de la tension positive de ce liquide, degré qui est un et dès-lors très instable.

Ainsi, vu que, dans l'échelle électrique des corps, deux corps ne se rencontrent jamais sur le même échelon, il est très vrai de dire que dans tout courant nerveux spécial il y a excès ou défaut du courant normal, et que dans toute formation spéciale il y a, pour le moins dans la cause spéciale qui l'a provoquée, une nécessité de sthénie ou d'asthénie pour le sang où elle réside, et, partant, pour les nerfs que ce fluide impressionne.

Pour que notre première synthèse, celle qui a exposé les lois physiologiques, fût une vérité, il fallait que son principe fondamental pût rendre compte des faits morbides aussi bien qu'il avait rendu compte des faits normaux. Les impressions normales sont la cause des mouvements vitaux normaux, les mouvements vitaux anormaux devaient émaner des impressions anormales. Eh bien! considérant les impressions dans leurs trois types anormaux, excès, défaut, spécialités perversives, j'ai pu comprendre la plupart des états éventuels de l'organisme vivant dans un petit nombre de lois, et proclamer celle-ci qui est primordiale :

La maladie est un procédé anormal du mouvement vital, par suite de modifications dans le degré ou dans la qualité des impressions réciproquement attractives qui le mettent en jeu.

FIN.

Lyon. — Impr. de Louis Perrin, rue d'Amboise, 6.